王小寧——著

目錄

第 3 章
當眾演講，練就圈粉體質

第 4 章
職場篇：贏在職場表達

目錄

第 5 章

創業篇：會賺錢，更會表達

第 6 章

公眾篇：演講讓你被世界看到

第7章 短影片IP表現力

序言

BUSINESS SPEECH

回顧我的經歷：我從一個中央人民廣播電臺主持人，到跳出舒適區成為一名創業者，創辦「商業演講」課程並講遍9個城市、30多家上市公司；在被《富比士》（Forbes）英文版報導後，我走進長江商學院、中歐國際工商學院等各大知名商學院；自己又因為抖音收穫了100萬粉絲；2022年我從「漂」了17年的北京轉戰杭州，教創始人打造個人IP[1]，做流量變現。

這幾年我個人身上發生的連續轉變恰巧見證了一個表達紅利的時代。

1　編注：網路流行語，直譯為「智慧財產權」，在網際網路可以理解為所有成名文創（文學、影視、動漫、遊戲等）作品的統稱。

很多有實力的人開始嘗試演講、電視路演、論壇發言、社群分享、短影片口播、直播連麥[2]，因被更多人看見而改變了人生路徑。在這整個過程中，我也聽到過太多這樣的遺憾，「辛辛苦苦幹一年，不如上臺發個言」，「那個有名的人，其實專業實力不如我」。

於是，我就開始思考：是什麼原因導致了專業能力出色的人被埋沒？為什麼用語言展示自我的實力和魅力那麼難？賈伯斯（Jobs）、雷軍、董明珠、羅永浩、樊登、劉潤他們究竟做對了什麼？TED演講的高級感從何而來？中國的創業者如何為自己代言？

沒有實踐和調查研究，就沒有發言權。帶著這些問題，我一頭投入了商業演講的培訓與諮詢工作：從2015年開始，我幾乎每年看超過100個需要路演的專案，幫助一些公司順利拿到融資使其繼續發展；從2017年開始，我會幫助一些行業專家改造課程，這些專家因推出爆款課程而知名；2018年，我走遍了北京、上海、廣州、深圳、杭州、武漢、長沙、成都、香港，開設小班課程，教創業者如何演講；2019年，我開始去企業分享「商業演講力」，走進阿里巴巴、華為、字節跳動、愛奇藝、滴滴出行、長城汽車、美

2　編注：連麥是一個網絡流行用語，指的是兩個人同時在麥序打開麥克風互動。

國IDG（國際數據集團）、法國液空、英國保誠、瑞典富豪等世界知名企業講授內訓課程；2020年上半年，我受邀去長江商學院、中歐國際工商學院、上海交通大學安泰經濟與管理學院分享演講技巧，成為一些企業家的私人輿論顧問；我還參加了杭州市政府主辦的人力資源服務和產品創新路演、總裁讀書會、家族傳承論壇等活動，以及創業邦、混沌學園、HRoot(人力資源公司)等機構的路演教練工作；2020年下半年，一條主題為「演講的氣場」的短影片達到2000萬播放量，讓我的抖音號「演講駭客」突然爆火，一些大V[3]博主和創業者要求我開班教授短影片口播；再後來，我帶著輔導專案的經驗，在來到杭州的一年多裡，影響了超過5000個創業者，讓他們瞭解到如何面對鏡頭打開表現力，並幫助超過500個創業者設計流量變現模式、塑造個人IP。

這些大量的一線實踐讓我慢慢撥開迷霧看見了問題的本質：演講的目的是展示自我實力與魅力，從而吸引觀眾，與觀眾建立信任關係。然而，在大多數人的認知中，演講是一種表演，這影響了真實感，讓演講目標無法達成。而最迫切需要提高演講能力的職場人士、商業人士，在平時「解決問題」的時候都是發揮出色的，一旦切換到「上臺演講」的

3　編注：大V，指的是在微博上十分活躍，通常把「粉絲」在50萬以上的稱為網絡大V。「V」是指已通過認證的，英語為「Verified」。

狀態，他們就會出現臺上與臺下的感受不協調。演講者與觀眾，一方努力自我感動，一方感覺寡淡無味。

帶著這些問題，我的任務也變得簡單而清晰：（1）調整演講者的認知與思維，讓他釋放本來就具備的表達感染力。（2）把我個人的舞臺鏡頭經驗凝練成簡單易上手的「一招」，讓演講者在遇到問題時有解決技巧。（3）讓演講者變得自信，通過表達學會自洽。

這本書從出版社約稿，到我構思書稿框架，再到幾番調整，前後花了將近3年時間，最後確定用7個章節呈現：第一至三章系統闡述了商業演講的定義與標準、如何有效準備一場演講以及當眾演講的控場與互動技巧；第四至六章告訴你在職場、創業、公眾3種特定場景如何有效表達；第七章則重點展示了短影片IP表現力，挖掘你的線上演講能力。通過以上內容，我想給我曾經線上線下接觸過的朋友、我的粉絲朋友或者還未曾謀面的朋友一個認真的交付。

每個人的路無法複製，我獨特的發展路徑造就了這本書。「讓演講成為商業力量」，這是我對每一位讀者的衷心祝福。希望你能勇敢發聲，站上時代的舞臺，不留遺憾。

BUSINESS

第 1 章

為什麼需要商業演講

SPEECH

什麼是商業演講

BUSINESS SPEECH

在開啟本書之前，有一個問題我想先回答明白：「商業演講」到底是什麼？

演講，這個詞倒是由來已久。無論是古希臘時期體現雅典民主政治的演說與辯論，中國古代鬼谷子的高徒蘇秦和張儀的遊說六國、合縱連橫，公孫龍「白馬非馬」的詭辯，還是民國時期進步人士和學生的街頭抗日演講，以及偉大領袖的震撼發言，這些都是演講。

後來，隨著經濟進入快速發展時期，不到百年，我們對於當眾演講的能力需求變得更加突出。比如，銷售談判、述職競聘、公司開會、產品發布、專案推介、融資路演、經驗分享……以上在經濟活動場景中的當眾表達都算是商業演講。

你會發現，商業演講誕生的最根本原因是社會的經濟發展。

在經濟發展的同時，資訊的傳播方式得到優化，傳播效率在不斷提升：從最早的報紙，到後來的雜誌、廣播、電視等多種媒體的傳播；傳統網際網路興起，網站、論壇的用戶數飆升；不同人群的興趣和領域區分日益明顯，傳媒「分眾化」顯現；移動網際網路興起，直播、短影片的興盛……傳播技術的變革，讓商業演講有了更多的載體。

在商業資訊傳播的變革中，總有一群人登上了流量舞臺，抓住了表達紅利。在大眾消費中，明星代言廣告、網路博主帶貨已經深入我們的生活；在職場競爭中，那些更會表達自己、高情商溝通的人，更容易獲得主管與同事的支持、特別關照和機會的青睞；在商業世界中，一批又一批創業者通過公眾表達吸引大眾注意力，使其公司和產品收穫了更多曝光與信任……

舉個例子，賈伯斯的「出圈」就緣於他的商業演講。賈伯斯早年鼓動夥伴一起在車庫創業；在品牌推廣階段，每一年的蘋果發布會都成了轟動的事情；賈伯斯在各個場合的採訪和演講發言被到處傳播，圈粉[1]無數……後來的事你也看

1　編注：圈粉是一個網絡流行語，指通過各種方式擴大自己在社交網絡上的粉絲群。

到了，不只是賈伯斯，全世界的創業者都開始重視發布會、媒體採訪、自媒體表達，比如我們熟悉的劉潤、樊登都是極其優秀的商業演講者。

我們大多數人過去的想法是花一些資金或拿出一部分預算，把產品和專案推銷出去；但是在當下，行銷更多的是基於對人的信任，運用表達製造影響力。

不僅僅是大企業家，我們身邊也有擅長表達的超級個體。我見過在華爾街工作過的留學歸國創業者孫思遠，通過對自己創業專案的闡述，先後獲得投資人徐小平和字節跳動的投資；我見過我的好朋友李觀留學歸來，通過自己的努力，趕上時代風口，加入滴滴出行，先後成為滴滴和ofo共用單車的用戶增長負責人，而後其通過學習演講和提升自身能力，在15分鐘的競聘演講中打動京東高層並成功加入京東，成為京東數科的增長負責人……

在我看來，無論是在創業圈，還是在職場，又或者是在其他場合，「商業演講」就是指：在傳遞商業訊息的活動中，獲取受眾信任的語言表達。我希望你能通過這本書學會展現自己的實力和魅力，獲得一種新媒體傳播時代下的商業效率。我一直相信，「把自己推銷出去」是我們一生需要去攻克的重要課題。

商業演講的三大標準

BUSINESS SPEECH

我經常用一句話形容商業演講：用1分鐘影響100個客戶。我和大家一起打造過多少個演講的高光時刻，就見證過多少個演講窘境和表達難題。在上千次的演講輔導和一對一諮詢中，我發現一個問題：大家之所以講不好，最核心的原因是演講者對演講的認識有偏差。

許多人覺得，演講就是一場表演——演講者把稿件背熟，把肢體動作和表情細節練到位，然後登臺去贏得觀眾的掌聲。你可能一開始也會這麼認為。但我想告訴你，這是表演，而表演並不等於演講，尤其不等於商業演講。

那麼到底什麼才是好的演講呢？從商業角度出發，每一次演講的核心任務是，基於你的商業目標，對受眾產生有效的影響。是否完成了這個核心任務，決定了這是不是一次好的商業演講。無論你面對的是一個人還是一千個、一萬個人，我們的目標都是通過自己的表達讓臺下的觀眾記住你，記住你的產品和服務，記住你的公司和品牌，並且對你產生好感，進一步讓他們為你點讚、投票、付費。為表演付費的人是來看演員的，為你的產品和服務付費的人才是來看你的。

在表達和影響別人的決策和行動之間，我們依靠的是一套科學系統的商業演講方法，這也是我在這本書裡想全部教給你的。要想判斷你是不是真的做到了影響別人，我認為有三個標準。

（1）表現力，決定著語言的效果。
（2）內容力，決定著商業的效率。
（3）故事力，決定著觀眾的信任度。

接下來，我將會用三個小節的內容，跟你聊聊這三個標準。

◉ 表現力：用交流感提升語言效果

新手在模仿演講，高手往往製造交流。在演講這件事上，有人可以遠超普通人成為高手。他們到底做對了什麼？

演講高手有一種能力，他可以把舞臺還原成一個交流的場景。我們在日常交流中不會刻意地關注每一個字句和每一種語氣，而會自然地進行表達。你如何在舞臺上模仿跟一個人說話的語氣？其實很簡單，稍稍轉換一下你說話的狀態就可以。

當你將自己投入一種為觀眾解決問題的狀態時，你會忘記自己在演講時的緊張。如果你覺得演講高手是講起話來滔滔不絕、氣勢如虹的人，你就錯了。在商業世界裡，內斂沉穩、冷靜克制的高手大有人在。

我曾經認識一位文章寫得酣暢淋漓，但是上臺演講就磕磕絆絆的人。他叫張世相，一家著名網路公司的CEO（首席執行官），他稱得上是初代文藝青年。當時，他因為要在一個大型會議中上臺演講，所以找我幫忙調整演講稿。我們見面之前的線上溝通非常流暢，他一直侃侃而談。但是，當我們正式見面的時候，穿著黑色帽衫、在我面前寡言少語的他一下子讓我認不出來了。

張世相有準備好的幾篇稿子，我讓他嘗試著先講一遍。當他開始嘗試用表演的狀態去演講的時候，我就知道情況不太好。張世相一直以為演講是「表演式」的，他在一邊表演一邊回憶稿件內容的時候不斷地卡殼，很像一個笨拙的新員工在做述職彙報。說實話，當時我很驚訝：一位如此成功的內容大神，一位擁有進入C輪融資公司的老闆，也會有這樣不知所措的一面。

為了打破這個局面，我開始找話題跟他聊天，讓他從表演的狀態裡抽離出來，進入日常交流的狀態。我真誠地問了他一個問題：「為什麼這次演講的主題是『給商業造一扇內容之門』，你是想表達什麼呢？」

這句話好像是一個神奇的開關，啪嗒一下，張世相的狀態瞬間有了轉變。他的語速明顯變慢，語氣也變穩了，眼睛裡面開始有光了。他開始娓娓道來，不時地從我的眼神裡獲得回饋和認同。就在那時，他好像瞬間把現場的人都「控制」住了。

當張世相的表達思路開始轉變為「解決觀眾的問題」時，他就自動進入了自己的舒適狀態。有這樣的轉變是因為當我們在進行一對多表達的時候，人們的關注點在我們的表現上，我們會感覺這兒也不對勁，那兒也不對勁；如果我們可以把關注點放在觀眾身上，為觀眾解決問題，此時的表達就是最自然的，並且資訊傳遞的效率最高。

後來，我陪著張世相去了大會演講的現場。大會上，很多演講者接連出場，其他演講者的發言只在開頭和結尾收穫了掌聲，而張世相每講一個段落就會有人鼓掌，掌聲貫穿了他的整個演講過程。我坐在臺下，聽著會場裡的掌聲，心中的驕傲不比臺上的張世相要少。

解決問題的痕跡多一些，商業演講「表演」的痕跡就少一些。商業演講的表現力不以風格和氣勢定奪高下，而是主要看你能否通過表達，真誠地解決觀眾的問題，讓觀眾看到那個真實的你。如果你能做到，掌聲自然就屬於你。通過這種解決問題的思路，找到交流的感覺，你可以輕鬆應對各種各樣的場景，在一對一和一對多的表達中無縫切換，十倍甚至百倍地提升你的商業影響力和演講的傳播效果。

交流的狀態的確讓演講者更舒適，也更自然，但也許你的內心還存有疑惑：對觀眾而言，交流真的會有效嗎？我舉一個例子，一般銷售新手都是背誦話術，他們對每個客戶都照本宣科，這自然是一種比較笨拙的表演，而且效果很差，你遇到這種銷售新手一定會毫無興趣地結束對話。而銷售高手是將銷售過程看作日常的交流，他們會隨時在交流中根據不同客戶的資訊制定對話策略，永遠讓客戶先說，不斷挖掘客戶的需求，不斷在交流中拿到訂單。

演講的邏輯與之非常類似。你甚至會發現，越是背稿，你演講的效果越差。原因就在於當你記下稿子時，你就會無意識地陷入表演的狀態，一門心思把它演完，至於這些到底是不是臺下觀眾想聽的，到底能不能影響他們，到底能不能實現你演講的目標，已經統統被你忽略了。但是，如果你在登臺後能進入良好的交流狀態，那麼你還會擔心自己緊張到忘詞嗎？你還會擔心觀眾不聽你的內容，自顧自地玩手機甚至睡著嗎？你還會擔心觀眾給你出難題讓你無法下臺嗎？你還會擔心觀眾記不住你和你的產品嗎？

在這個小節中，我想跟你講三個打造交流感的關鍵因素：口語化、故事化、互動感。這些都是把演講這件事從「表演」調整為「交流」的技巧。

（1）用口語化的演講，使觀眾沉浸式體驗你的表達

什麼是口語化？口語化就是你在演講中用到的所有詞語和句子都是你平時聊天中會使用的，這是第一個關鍵因素。你平時怎麼說，上臺就怎麼講，而不是用書面語去重構你的演講內容。

很多找我諮詢的客戶會抗拒口語化演講，他們認為，口語化好像不夠正式，不夠權威。其實這是一大認知誤區，他們對於演講的認知從小就被錯誤地固化為書面語式的表達，以為那樣才有正式感。但你要知道，演講的核心目的是去影響他人。當你談客戶、談合作的時候，文字交流和當面講話是完全不一樣的，演講時背出來的書面語在現場的效果會大打折扣。

本來觀眾能順利聽懂，但你突然加一個書面語，就會打破觀眾沉浸式的聆聽體驗。每出現一個書面語，觀眾就被打斷一次，原本非常直接、易懂的演講被提高了理解和傳播門檻，這會使演講效果直線下降。

除了對觀眾的體驗有影響，更重要的是，當你習慣了口

語化演講時，這意味著你更容易進入交流的狀態。如果你是在交流的狀態下，你可以確定觀眾想要什麼；如果你是在表演的話，你可能永遠也不知道觀眾想要什麼，那個時候你想的是趕緊把稿子講完，而沒有辦法隨時調整自己。

（2）少講道理，多說事

故事化是第二個關鍵的因素。當我幫助很多創始人做IP的時候，我發現越專業的人越喜歡講道理。有句話是「我聽過很多道理，但仍然過不好這一生」。大多數時候，觀眾是不愛聽大段道理的，他們也記不住。但如果我們把道理嵌入故事再去講述，效果會完全不一樣。在道理中融入場景和情緒，這很重要。講道理是說服人，而講故事是引導人。如果你的演講中一個好故事都沒有，那麼觀眾一定什麼都記不住。關於如何講出一個好故事，我會在本書的第二章跟你詳細交流。

（3）讓觀眾一起參與演講，用互動製造連接和共鳴

最後一個關鍵因素是互動感。互動感其實就是讓觀眾參與到演講中來。觀眾聽一場演講，少則需要付出幾個小時的時間，多則一天甚至幾天。在忙碌的工作和生活之外，願意花費寶貴的時間和精力來聽演講的人們一定有自己的理由和動機。他們可能是因為喜歡演講者，或者是信任演講者，又或者是想要跟演講者進行更多的合作。

如果一個演講者過於關注自己，將所有的注意力放到自己一個人身上，而觀眾的互動需求得不到滿足，那麼他的演講效果一定不好。一場好的演講是由演講者和觀眾一起完成的。如果沒有互動，就相當於觀眾沒有參與，演講者也就無法制造價值連接和情感共鳴。比如，我自己有一個很常用的開場互動方式：「你說出一道小吃，讓我來猜猜你的家鄉。」這個互動可以瞬間讓現場的氣氛熱起來，來現場聽我講課的學員都會積極參與。這種開放式的問題很管用，你也可以給自己設計一個。

雖然演講的互動機會有限，但是當你和現場的幾個人互動的時候，那種氛圍會感染周圍的觀眾。而且，觀眾的參與往往會給你的演講增色不少，所以不斷製造和觀眾輕鬆愉悅的互動，就是演講出彩的明確信號。

關於如何在現場巧妙地與觀眾互動，我會在本書的第三章與你繼續探討。

◉ 內容力：用流程化提升語言的效率

恭喜你，掌握了表現力，你已經可以將演講效果提升到80分。接下來，我將再給你一個演講高手錦囊——內容力。如果說表現力可以讓你達到80分，那麼內容力可以讓你長期穩定在80分的水準，而不受狀態、環境、主題的影響。與天賦型選手不同，穩定的演講效果才是大多數人追求的終極目標。

我認識一個女孩，她的經歷真的配得上「神奇」二字。當我看到一個有著小麥色皮膚、頭頂兩個丸子狀髮髻的女孩時，我完全沒有把她和多年前我的那位中學英語老師聯繫在一塊兒。

她叫小猜，曾經有一次她參加馬拉松比賽，穿著比較大膽，妝容特別出挑。在她的照片被傳上網路後，她遭遇了網暴。網友的評論鋪天蓋地：「怎麼一位老師穿著比基尼、頂著大濃妝就來了？有損形象！」

經此一事，小猜發覺社會上有很多對於女性的敵意和惡意，她也認識了很多聲援她的女性網友。後來，她開始研究情緒療癒、心理學等領域。再後來，她的人生劇本越來越精彩——她出國、閃婚，賣了學區房（明星學校範圍），成了一名環球旅遊戀愛博主，擁有了很多女性粉絲。

和她的個性一樣，小猜的演講狀態一直都是很隨性的，她穿著短褲和大皮靴就敢往臺上站。她的演講內容也很隨性，有時候沒有開頭，有時候沒有結尾。但是，她的優點在於特別會講故事。她經常和大家一起聊到潸然淚下，並且很會調動大家的情緒，所以在她的姐妹圈和粉絲圈中，觀眾都特別買帳。

後來，她來找我的契機是因為她講得越來越好了。那個時候「知識付費」開始興起，小猜演講的舞臺越來越大。她演講的場地從小沙龍慢慢地換到了大舞臺；她的觀眾也不一樣了，從姐妹粉絲變成了創業者。場地和觀眾的變化讓一向自我隨性的小猜開始焦慮，這種焦慮讓小猜的演講狀態很不穩定。有的時候她狀態好，講起來會讓全場觀眾落淚。她講的故事精彩到完全停不下來，她一個人就占據了一半的下午時間，這嚴重影響了主辦方的活動進度。但有的時候，如果有很多其他領域的人進場聽她演講，她就會放不開，搞砸當天的演講，晚上回到酒店就開始越來越焦慮。

聽完她的困惑，我親自去現場感受了一下她的演講。我發現她最大的問題是沒有內容順序和時間安排。因為這種隨性，只要她在現場被主辦方提醒注意時間，她就會瞬間緊張起來，從100分的狀態跌落到30分的狀態。

後來，我就跟小猜聊天：「你的演講是憑感覺的，沒有計劃、沒有框架會讓你對自己缺少把控。我們可以一起來規劃一些框架，讓你能夠把控自己，從而消除這種焦慮。」

小猜的優勢是故事講得特別好，於是我們倆就定了一個5分鐘的鬧鐘，讓她必須在5分鐘之內講好一個小故事並且形成一個觀點。通過多次這樣有框架、有流程的內容訓練，她的時間觀念強了很多。我還叮囑她，在任何一次演講中，不管時間長短，只能講3個故事。如果不控制好故事的數量，演講就會像姐妹之間的下午茶話會，變得沒完沒了。

就在「5分鐘」和「3個故事」的約定之下，基於框架和流程加持，小猜充分發揮了她通過講故事製造共鳴的優勢。在相當長的一段時間裡，她每一次的發揮都很穩定，她徹底找到了演講的自信。後來，她進階成了一位演講高手，被很多女性創業者羨慕；她還來當了我的助教，去輔導更多女性創業者；在我的鼓勵下，她還登上了TEDx[2]的舞臺，大放異彩。

即使是在演講方面有天賦和優勢的人，也需要流程和框架的加持，要不然全憑臨場發揮，很可能會栽跟頭。最典型也最知名的一個案例就是麥肯錫 30 秒電梯法則：在電梯下行到一層短短 30 秒的時間裡，你如何交付出一套完整有效的方案？從這個案例切入，我們可以發現商業演講的共性特點：目標明確、時間稀缺，更重要的是機會只有一次。我們當然需要內容力來實現穩定且精準的發揮。

那麼怎樣打造內容力才能使演講發揮出最佳效果？你可能已經開始在心裡打草稿了，我需要有吸引人的觀點、內容、表達，需要設置演講的記憶點，我的案例要夠炸場……

2　編注：是由 TED 於 2009 年推出的一個專案，旨在鼓勵各地的 TED 粉絲自發組織 TED 風格的活動。

這樣想下去，你可能會越想越亂，越想越複雜。

首先，根據我多年的經驗，我總結出了 3 個問題，你只需要在準備演講之前問自己這 3 個問題，那你的演講效果一定不會差。

問題 1：這次演講我到底想要什麼？

問題 2：要多少？

問題 3：分幾步才能要到？

這樣就可以制定出一個關於「要」的流程。比如最常見的經銷商大會，品牌方想要促進更多的現場成交，保證預計到場的人裡有多少人都有進貨量，其就要知道如何設立目標、如何設計整個流程……

然後，品牌方要再問自己幾個更重要的問題：客戶想要什麼產品？哪種交易形式更容易被客戶接受？如何保障客戶的後續利益？用利他思維，品牌方把「自己想要」的流程轉變為「給予他人」的流程。

利他思維的圈粉威力是巨大的。在演講中，多說「你」是姿態利他，多說「我們」是價值共同體，多講「案例」是理解利他，多講「情懷」是鞏固關係。

關於商業演講，很多朋友總有這樣的困惑：人們為什麼要聽我講？人們為什麼會認同我的行為和做法？人們為什麼會聽從我的號召？當你從對方的角度開始尋找這些問題的答案時，你就通過利他思維完成了演講姿態的重要轉變。小到述職彙報、求職面試，大到峰會演講、融資路演、產品發布，幾乎一切職場和商業場景都需要你有效打造語言表達的流程，這樣才能保證最後的結果符合預期。

很多人在反覆吃虧之後，才隱隱意識到這些問題，但沒有專門的教練幫他們解決問題，所以試錯成本很高；或者，只有創業公司和企業有足夠的資金聘請商業演講教練為員工提供解決方案，這是普通人難以企及的。

我們前面提到的麥肯錫 30 秒電梯法則就是商業演講的基本範本。學會用極具吸引力的方式，簡明扼要地闡述自己的觀點。

經過對 30 多位上市公司高管、上千位創業者的諮詢輔導實戰，我從中總結出一套簡潔有效的商業演講基礎框架，該框架具體包括吸引、價值、共情和成交 4 個步驟，幫助你精煉語言、優化演講設計。現在，你不用經歷反覆的試錯，也不用付出高昂的培訓費用就可以習得這些方法。

所謂吸引，是指你如何第一時間抓住目標物件的注意力。很多時候你無法在 10 秒內講完全部內容，但你永遠有機會用10秒吸引到對方，讓他再給你10分鐘、20 分鐘。最簡單的辦法就是說：「你知道……嗎？」利用好奇心，抓住觀眾的注意力，讓其乖乖聽講。

所謂價值，是指你如何表達差異性，讓別人選擇你。因為，和別人一樣的東西觀眾根本記不住。我們可以從日常表達中切入，運用話術「90%的客戶都是……」，「我們是專門做……」，「我們和同行最大的不同是……」，爭取一開口就突出重點和亮點。

所謂共情，是指從資訊層面進入情緒層面，引導觀眾用感性腦做出對你有利的決策。本書會告訴你如何用感性打動人，用故事影響人，學會為一個群體發聲，學會打造自己的「英雄之旅」，讓你也能從自己的經歷中整合出好故事，做到一開口就打動人心。

所謂成交，是商業演講的最終目標，它不僅包括拿下訂單，也包含一切你想讓目標使用者發生的行為。成交的核心邏輯是用產品價值重構你和客戶的關係。我會通過一套「成交攻略」，綜合運用表達和內容技巧，幫你一開口就達成目標。

在這本書中，我還會告訴你怎樣從背稿表演轉變為現場交流，怎樣提升你的交流效率，以及在交流的過程當中遇到問題怎麼去解決。例如：怎樣克服緊張？你突然忘詞怎麼辦？演講中遇到突發情況，比如麥克突然沒聲音怎麼辦？有小朋友突然衝到臺上怎麼辦？

演講技巧千千萬，在這本書裡我想帶你一起解決三個最樸素也是最重要的問題：演講者怎樣進行交流？交流什麼內容才對？怎樣讓觀眾一起來交流？當你有了這三個問題的答案時，你就已經成為演講高手了。

◉ 故事力：建立信任的最佳工具

故事就像一個禮盒，它提供方便讓我們把商業價值放在其中。

時間回到2020年1月1日，很多人一早起來就在社群媒體立下新年宏願，我也感覺這一天不做點兒什麼有儀式感的事都不行。於是，我翻身起來，沖了一杯即溶咖啡，打開了電腦。突然，我腦子裡蹦出一個想法：我創業兩年了，演講足跡遍布9個城市，演講課程也被《富比士》報導了，也去長江商學院、中歐國際工商學院講過課了，是時候給這段經歷立上一個階段性的里程碑了——不如自己試著定義一個細分賽道。

於是，我打開了微信公眾號後臺，想了30分鐘，猛喝一口咖啡，只憋出了一句話：「商業演講，是以傳遞商業價值為目標的說話活動。」然後，我特別有儀式感地在備忘錄裡記下了一件待辦事項：把「王小寧」、「王小寧商業演講力」註冊成商標。就像2015年的夏天，在中關村創業大街上的咖啡館，每桌人都在談論估值過億的、熱血難涼的創業專案。膽大的我被一些同樣膽大的創業者通過知識付費App

（應用程式）聯繫到，在咖啡館裡，我教他們講故事、拿融資。

都說資本是冷酷無情的，但市場總會被情緒左右，於是故事就成了中間的催化劑，成了創業者和投資人的橋樑，牽出無數精彩的創富傳說。

（1）故事本身就是一種效率

如果回望2015年，我們會發現那是一個資本風起雲湧、創業英雄並起的時代，還記得當時有一句口號叫作「大眾創業，萬眾創新」。

當時的我還是一個朝九晚五的上班族，我雖然在國家廣播電視總局大院度過了漫長的時光，但每天坐地鐵上下班時也從周圍的環境中感受到了變化。地鐵裡時常更新著各式各樣的廣告海報，它們出現在吊環把手上、通道裡、櫥窗上……一波又一波的創業公司不斷湧現，也有一波又一波的創業公司在迅速衰敗。就在周遭變化如此之快的環境中，我心中的不安在悄悄萌芽。

我雖說還像之前一樣波瀾不驚，每天在直播間裡跟聽眾朋友問好，但我心中的那一點點不安分讓我有了另外一個身分。就像我前面說到的，我在在行 App（專家一對一約聊App）上偶爾接一接訂單，用自己的能力幫助有需要的人學習演講。

我的中央人民廣播電臺主持人和演講諮詢輔導人的雙重身分就像兩條平行線，有條不紊地向前行進，就像我每天坐的北京地鐵，按時進站、出站，不差一分一毫。直到有一天，我接到了一個在當時的我看來非常重大的訂單：有人找我幫忙做融資路演。一位曾經在奇虎 360 工作的90後小姑娘靜靜，向我發出演講輔導請求。她管理著一家馬上要 A 輪融資的公司，希望能拿到幾千萬元的融資，她問我能不能幫忙輔導她的演講。

萬萬沒有想到，就是因為這位姑娘，我的人生軌跡即將發生重大變化。

我坐地鐵來到了靜靜的公司，走過短短幾站地鐵的距離，像是來到了一個新的世界。創業公司的快節奏通過角落裡的自動販賣機就可以初見端倪。靜靜的公司連個像樣的前臺都沒有，桌子上堆滿了零食、公仔，這個場面對坐慣了辦公室的我來說特別新鮮。在這裡，有90後的首席運營官、有80後的市場運營專員、有70後的技術開發員……從國家廣播電視總局出來的我，第一次親眼見到這種「創業現場」。好像就在那個下午，我穿越了。我的那個世界是一個陳舊的世界，而眼前的這個世界是嶄新的。

我以為一進門可以看到一位穿著職業裝的女強人，但是我沒想到，那個開口跟我打招呼的靜靜穿著卡通 T恤，臉上還帶著一些嬰兒肥。我一度認為她是某個員工的孩子，來公司打發時間。靜靜完全沒有我想像中CEO的那種派頭。也正因為這種反差，那個鄰家女孩的形象到現在我還記得特別清楚。

靜靜正在做的是 SaaS[3]的業務，現在大家對這項業務一定不覺得陌生，但這對當時的我來說聞所未聞。當時，我心想，當靜靜做融資演講時，她需要有非常嚴謹的財務測算、非常理性的商業邏輯，以及一個極其詳盡的 PPT……毫不誇張地說，當時的我其實有點兒心虛，因為我對她的業務並不瞭解，生怕露了怯。我有點兒不安地等待靜靜繼續接下來的話題。

靜靜說公司裡有一些企業客戶，所以業務發展得很快。但之前她兩次跟投資機構談 A 輪融資時，路演都不太順利。財務顧問和投資機構的人私下和她說：「你們的專案沒問題，但是你演講的邏輯不通，沒有突出重點和亮點。單純地匯總資訊在參加路演的時候很吃虧，你應該再整理內容。」

思來想去，靜靜跟我說：「要不你教我怎樣講故事吧。」她說完這句之後，我整個人放鬆下來。雖然當時融資、商業邏輯我不在行，但是對於靜靜認為很難的「講故

---

3 編注：Software-as-a-Service，意思為軟件即服務，即通過網路提供軟件服務。

事」這件事，我非常有把握。那天我們整整聊了一個下午，後來靜靜經過兩次輔導，我們一起整理出來了3個故事：市場機遇期的故事、產品雛形的故事、團隊合理搭建的故事。

（2）成功可以被複製，只要你有講好故事的能力

輔導完靜靜後，我還是回到了一個主持人的生活軌道，在每天早高峰時段，準點播放音樂，跟聽眾朋友打招呼說：「各位好，這裡是中央人民廣播電臺都市之聲 FM101.8《都市非常道》節目，我是主持人王小寧，在復興門外大街二號的直播間向您問好。」

而生活中，總有人來為你打開一扇窗。突然有一天，我收到了一條簡訊，是靜靜發來的，她說：「小寧老師，我要告訴你一個好消息！我們順利拿到了2000多萬元[4]的A輪融資，多虧了我們這次認真練習的路演！我太高興了，一定要請你吃大餐來謝謝你。而且，我要把我商學院的那些同學都介紹給你，當你的客戶！我覺得你以後可以考慮去做商業演講的培訓教練。商業演講是一個非常有前景的行業，演講培訓教練在美國是一個專門的職業，而且收入很可觀。」

我說：「真替你感到高興，你的建議我會好好想想。」

慶祝的聚餐結束後，我再一次回歸到主持人的生活。但

4　編注：本書若無特別提及的幣值均為人民幣。

我的命運好像出現了轉機一樣，我通過此次經歷認識了更多的創業者，我甚至還參加了中關村創業大街的創業者聚會，結識了蛋解創業（音頻自媒體）的創始人耿偉。通過他的社群，我又認識了小仙燉（燕窩品牌）的創始人林小仙等各個賽道裡非常出色的創業者。這次路演輔導就像是一顆種子，開始在我心裡生根發芽。

這顆種子讓我第一次在商業領域獲得了成就感。我常常在下班的路上問自己：「想要拿金話筒獎（中國廣播電視節目主持人的最高榮譽）的話還要熬幾年？外面的世界好像很精彩，要不要去試試？」

後來的故事，大家都知道了。我在商業演講領域找到了自己的發力方向，屬於我自己的另一段旅程開啟了。那個當年穿著卡通 T 恤的靜靜也沒有停下，現在的她已經收穫了自己事業上的成功，實現了財富自由。也是在這次路演之後，我意識到是故事讓創業者變得與眾不同，受觀眾喜愛和支持的不是那些理性的分析，而恰恰就是故事。理性如資本，也需要「想像空間」。

那幾年，我通過做路演諮詢，平均每年能輔導超過 100 個專案。我和創始人一起想辦法如何說服投資人，如何在大眾媒體上做行銷策劃。這讓我一個主持人脫胎換骨，完成了商業化轉型。一直到自媒體和直播電商的興起，我之前通過諮詢和教學積累的經驗爆發出了巨大的力量。

在中國的創業浪潮和商業世界裡，有無數位「靜靜」。「靜靜」的昨天，可能就是你的今天或者未來。我相信，靜靜的成功故事可以複製，她撬動資源和資本的力量也會在你的身上重現。在這本書裡，我會手把手地教會你掌握高效表達的技巧，收穫每一次浪潮中的紅利。

BUSINESS

如何有效準備一場演講

很多優秀的創業者都有一個相同的內核——目標感。創業如此，演講亦如此。古語有云：「有備無患。」有天賦的選手創造演講，而成熟的演講者更擅於準備。下面，我將帶你從6個方面學習如何有效準備一場演講。

SPEECH

定好目標
演講要精彩也要結果

BUSINESS SPEECH

“商業演講是要有一個結果的。”

每個人站上舞臺時，心裡總會懷有期待，期待著因為身分、職業、領域的不同而受人關注。但不管哪種期待，其背後都有同一個目的——更有效地影響他人，這是演講的核心目的。

想要影響一個人不是一件容易的事，它往往不是一蹴而就的。我們既要有一個宏觀、長期的整體目標，也要有每一次演講的小目標。一次演講就像是一場戰役，我們既要著眼於全域、制定整體戰略，也要仔細研究每一次戰鬥的戰術。

◉ 沒有演講目標，演講高手的百般招式也會失靈

我有一位讓人羨慕的學員——田豔麗。她曾經是北京301醫院皮膚科的醫學博士，我們都叫她田博士。田博士有專業技術加持，又是一個天生會講故事、善於帶動現場氛圍的演講者。現在的她是一名美業（讓顧客變美變漂亮的行業）創業者，經常以嘉賓的身分出席各種論壇和行業大會，每一次都收穫掌聲無數。

但高手也有難題懸在心頭。有一次，我們聊起最近的演講狀態，她向我透露了一個困惑：「演講結束後，很多人會被我打動，成為我的粉絲。但短期達成合作、實現轉化的人不多，很多人隔了很久才來到我的公司，成為公司的合作方或者加盟商。還有跟我一起參會的演講者，雖然他的演講沒有我這麼圈粉，但演講結束之後，他的轉化情況比我好得多。問題到底出在了哪裡？我一直想不明白。」

在我看來，問題在於田博士的商業演講沒有設定一個目標。如果演講者沒有目標，僅僅是因為圈粉才被加微信，那麼演講者和觀眾的聯繫就變成了無效社交，太多的「下次一定」和「回頭再說」都遙遙無期，自然也沒有商業轉化結果。

對田博士來說，她需要定下她當天的演講目標，滿足觀眾的需求，從而達成自己想要的結果。我試著問她：「你看你

每年在大大小小的峰會論壇、加盟商會議、演講沙龍等不同的場合裡，你想要達到的效果一定是不一樣的，結合你的企業的階段性經營目標，說說看，你想通過演講獲得什麼？」

田博士給了我兩個答案：「起步期，我的目標是找到更多優質加盟商，在全國範圍內優中選優，打好加盟專案的樣板。」

聽到她的第一個答案，我心裡就有數了。其實她有很清晰的目標，只是沒把它放進演講設計裡。我繼續說：「加盟商絕對不會因為你的技術好或者產品好就直接買單，因為這些優勢的可替代性比較高。」說完這句話，我似乎看到了田博士眼裡的疑慮：不講產品技術，講什麼？

我給她支了一招：「你從業這麼多年了，還記得當初你為什麼出來創業嗎？你是不是一個自我要求高、需要成長的美業創業者？答案是肯定的。如果你講自己作為從業者的個人成長經歷，那麼自然而然可以吸引對自己要求高、有事業心的加盟商。我們確定好演講目標後，就可以倒推演講設計了。」

「太好了！小寧老師，我懂了。」高手恍然大悟的那一刻，是我作為教練最有成就感的瞬間。田博士接著拋出了她的第二個答案：「我今年的目標是能夠獲得更多上下游資源，比如美業製劑的品牌方廠商，並結識更多給美業做投融資的機構。我想要瞭解投資者是如何看待美業的發展的，從而再去做更多探索。」

聽完她的話，我知道田博士已經從行業的入局者轉型成了行業變革者，作為教練我由衷地為她的成長感到高興。我回想起從2015年開始做融資路演輔導後見過的無數投資人，思索了一下，給出了我的建議：「面對投融資機構，你就不能再講之前的創業故事、客戶故事了，你需要持續輸出你對這個賽道發展的個人觀點。我非常清楚投資人的想法。他們是用投資邏輯去看演講的，除了合作方的實力，他們想要選擇跟他們有同樣認知高度和視野的創業者。針對田博士你現階段的目標，你面對他們要講的是你對於行業未來的思考。這樣一來，你想要的資源自然而然就來了。」

在這次非正式的對談之後，田博士抱著尋求優質加盟商和上下游資源兩個階段性目標，提前為每場演講做了設計準備。後來，她帶著好消息來了：臺下的觀眾不再是加了微信就走，吸引優質加盟商、探索行業商業模式、搭建個人品牌……她都做到了。有目標地演講，設計對應的演講思路，結果會完全不一樣。

◉ 設定目標，評估目標，拿到結果

接下來我們談談如何明確商業演講的目標，以及有了目標後，如何去判斷和衡量自己的達成進度和效果。當制定商業演講目標的時候，我們如何抓住重點，如何對目標的實現程度進行量化評估，也是需要注意的問題。

商業演講的目標可以分為兩種，一是傳播目標，二是銷售目標。

談到傳播目標，比如我現在要做一次演講，臺下可能都是不認識我的觀眾，但他們可能是我的潛在客戶。對於我這次演講的傳播目標，具體應該如何確定才是非常合理的呢？我今天講完以後，會有多少人對我感興趣，掃碼加我好友？有多少人能清楚地把我的優勢介紹給別人？

加我微信好友的人數，或者說線上與我談論業務合作的人數，加上線下拜訪我的人數，可以作為傳播目標量化參考的數據。銷售目標就更不用說，直接用真實的交易額驗證結果。數據騙不了人，它可以防止我們陷入演講後的「自我感覺良好」，而忽略實際情況。

除了具體資料的回饋，我還有一個很好用的「回訪三問」要教給你。當你走下臺跟場下觀眾交流的時候，你可以拋出這三個問題，它們能幫助你從觀眾那裡獲得對這次演講更加細緻和真實的回饋，從而提升我們對演講的認知。

第1個問題：你對我最深刻的印象是什麼？

第2個問題：如果你要把我介紹給你的朋友，你會怎麼介紹？

第3個問題：如果我們成為朋友，你覺得我能幫到你什麼？

這三個問題正好從三個角度來挖掘回饋。第一個是記憶點，第二個是故事點，第三個是價值點。如果你還記得我在一開始提到的麥肯錫30秒電梯法則，你會發現這三個問題恰好符合這個法則。

在知道了回饋標準之後，我們怎樣判斷自己這一次講得好還是不好？我做了一張評分表（見表2-1），每一次演講結束後你可以給自己打個分，看看記憶點、故事點、價值點這幾個要素各占多少分。滿分是100分，看看你能給自己的演講打多少分？獲得75分及以上算是一次優秀的演講。

｜表2-1｜演講回饋評分表

價值維度	自我評分				得分
人設有記憶點	20	15	10	5	
故事可以被簡單複述	20	15	10	5	
提出了明確的觀點	20	15	10	5	
商業價值有提煉	20	15	10	5	
引導觀眾行動的效果	20	15	10	5	
總分					

通過三個問題和自己給自己打分的方式，你可以對精準用戶進行回訪，量化評估結果，找到下一次可以優化的地方，這樣你的演講表現一定會越來越好。

如果你是一個企業家或創業者，可能你的長期目標是讓一萬、一百萬、一千萬甚至更多人信賴你的產品和服務，短期目標則是讓聽你演講的人當場對你產生好感，記住你的行業、公司和服務，因為你的號召而行動。

如果你是一個職場人，你的長期目標是積累資源、打造個人品牌，短期目標則可能是做好年底述職或者順利通過一次面試。

而我的目標是希望將來有一天，一提起商業演講，你第一時間想起的就是我。讓我們現在就立下目標，拿到表達紅利。

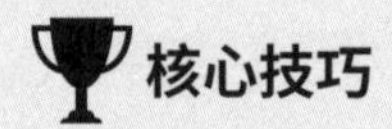

核心技巧

1. 設定目標，評估目標，拿到結果。
2. 商業演講一般有兩個目標，一是傳播目標，二是銷售目標。

分析需求
你比觀眾更瞭解他

BUSINESS SPEECH

"在商業上，瞭解對手與瞭解自己同等重要。"

我在35歲的時候幾乎講遍了中國的一線商學院，我去過阿里巴巴、華為、字節跳動等知名企業做培訓，中國家族傳承論壇、總裁讀書會也是我活躍的場域，很多我們叫得上名字的大公司都有我的高管學員……

如何讓不同場合的人群都買帳？如何滿足不同機構和客戶的需求？這些一定也是你好奇的問題。其實我也不是一直這麼順利，我曾經歷過一次慘痛的「滑鐵盧」，這讓我時刻警醒自己。

◉ 忽視需求分析，再好的演講也無法打動觀眾

有一天，我被邀請到富豪講課。我還記得那天是耶誕節，上海的節日氛圍很濃，我也被這樣的氛圍調動了情緒，躍躍欲試。

富豪可是大企業，在我的設想裡，臺下坐著的都是教育程度很高的高管。所以，我一站上講臺就恨不得把我的看家本領和最新發現全部拿出來分享給大家。我按照自己的想法瘋狂講了半天，結果卻不盡如人意。

站在講臺上，我意識到一個巨大的危機。我觀察著觀眾，男士都穿著筆挺的西裝三件套，女士身著套裙，大家都非常優雅地坐著，就這樣坐了一上午。我心想：「壞了，在理想的課堂上，大家是狀態積極、表現欲滿滿的樣子，現在卻是這副正襟危坐、保持禮貌微笑的樣子，一定是哪裡出了問題。」

我眼睜睜地看著大家想在筆記本上記點什麼，卻又把筆放下了，心裡很不是滋味。終於熬到了下課，果不其然，我的感覺沒錯。一下課，組織這次培訓的負責人就找到我委婉地說：「小寧老師，大家都覺得特別難得能請到您過來講課，您的課程也講得非常精彩，有很多關於創業路演、新媒體的先進思維。但是……高管其實也有一些職場溝通、向上

彙報甚至是克服緊張情緒的需求，下次有機會的話，您能不能增加一些這方面內容？這樣的話，他們聽完馬上就能用上了。」

毫不誇張地說，我在聽完負責人的這番回饋之後，後背直冒冷汗，悔不當初。那時路邊的音箱裡放著聖誕樂曲，我卻聽不出一點兒快樂的情緒。

我覆盤了這次講課的「滑鐵盧」，深知自己是中了知識的「詛咒」，我總想講更高深、更好、最新的內容給大家，卻無視了大家真實的需求。我明明是有實力的，但在這場演講中沒能滿足客戶的實際需求。

◉ 瞭解觀眾，讓你的演講事半功倍

自此之後，每次演講之前分析需求就是我的固定動作。後來，又是一次上海之行——我被百年企業法國液空邀請去講課。這一次在演講之前，我做足了分析需求的功課，想著得打個翻身仗。

我專門給培訓的負責人打了一個電話，我問她：這次上課的人都有誰？可以和我說說他們的年齡、專業、崗位資訊嗎？聊完之後，我獲得了很清晰的觀眾標籤：90後、高潛人才、留學歸國、市場、研發，性格開朗、有創意、有激情……我仿佛看到一張張鮮活的面龐，這下我心裡有底了。

我又追問了負責人此次培訓的目的：這次培訓面對的群體是公司裡的90後生力軍，公司想要針對他們進行商業演講力、職場溝通力的培訓，從而把他們推向更高階的專案。這下，我對這次課程的把握又多了一些。

掌握了人群畫像和具體需求，我對課程內容的框架做了很大的調整，見表2-2。

你可以看到，原標題和新標題雖然本質上在說同一件事，但完全是兩種風格。原標題是我以前在商學院論壇、國有企業裡面講關於演講力的內容時用的，更加嚴肅正式。這

｜表2-2｜課程內容前後框架對比

	原版	新版
主標題	《清晰的表達力 提高職場競爭力》	《贏在職場溝通》
模組一	如何清晰地表達 你的商業定位	讓人第一時間對你印象 深刻並且喜歡你
模組二	商業演講力進階	如何當眾講話，輕鬆駕馭， hold（掌控）住全場
模組三	職場彙報的邏輯力	彙報工作， 別讓老闆提醒「抓重點」
模組四	現場應變與危機處理	如果有人找碴， 你該怎樣接話

一次面對這麼多職場新人，我在思索，什麼主題才是他們真正感興趣的。

第一，我發現他們對於公眾演講的觀點需求不多。他們需要的更多是在舞臺經驗不足的情況下，如何表現得更穩定，看起來更自信，有更強的互動感，正常展示個人工作成果和思路就可以了。第二，他們有著留學歸國的身分和國際化視野，不喜歡太死板的表達方式，需要活潑一點。第三，我瞭解到他們對於向上溝通、跨部門溝通是缺乏經驗的。經過細緻的需求分析，我的新框架內容呼之欲出。

課程正式開始。當我看到臺下的觀眾眼睛發光，在練習環節爭先恐後地要上臺展示，連去洗手間都爭分奪秒的時候，我心想，這回穩了。

果不其然，法國液空的培訓負責人笑得特別開心，課程結束後她拉住我直誇教學效果特別棒，還直接跟我商議起了下一次培訓的主題。

◉ 做好需求分析，你得比觀眾更瞭解他自己

想要有效影響你的觀眾，你得比他更瞭解他自己。如何瞭解呢？我的經驗如下。

（1）**找到與觀眾類似的人**。先對演講的觀眾做一個用

戶畫像，越具體越好。比如，我有時被請去講短影片創始人IP課，我會得出這樣的用戶畫像：30~50歲的傳統行業中年男老闆，有表現欲，愛交朋友，擅長社交。如果觀眾人群更多元，你就需要做多個典型使用者畫像，並且你的內容要照顧到他們的興趣點，才能保證演講的效率。然後，你就可以在身邊找到幾個同類型的人，提前做下溝通，瞭解他們對你和你的演講內容的期待是什麼，內容怎樣講更討巧。

（2）**找到目標觀眾身邊的人**。比如說，本場觀眾都是CEO，但是你可以問一些你認識的首席運營官和首席行銷官，站在公司、部門、工作夥伴的角度，瞭解 CEO 的需求。和他在一條船上的人，最知道他實際缺什麼，害怕什麼，期待什麼。

（3）**找到目標觀眾的合作方或客户**。有時，站在朋友的角度，很容易發現一個人需要什麼。

（4）**找到目標觀眾的競爭對手**。只有對手最瞭解對手害怕什麼或者有什麼缺點。

這是不是很像背景調查的方法？沒錯，從這 4 個維度出發，找到對的人，你問出來的東西才會有效。那究竟問什麼問題才會得到我們真正想得到的答案呢？

比如，我要做一場關於商業演講的分享，我找到了幾個和目標觀眾有關的朋友，我的問題清單如下。具體的問題根據場景和話題的不同有很多變化，但是問題的核心是不變的。

（1）特定場景。仔細回憶一下，你在哪一個場合中演講完感覺自己沒發揮好？

（2）痛點。你感覺是哪裡沒發揮好？有什麼原因？舉個例子。

（3）預期＋對標。你本來希望自己的表現效果是怎樣的？和誰給人的感覺類似？你和他的具體差距在哪裡？哪些點最容易改善？

（4）動機。除了提升演講水準，還有什麼原因促使觀眾來聽你的分享？

（5）爽點。如果我在演講現場幫你解決了一個小問題，你就願意報名我的正式課程嗎？

這5個問題我問了很多人，屢試不爽，每次都能得到令我驚喜的答案。你不妨也把這5個問題記下來，根據你的內容擬一個問題清單，並在下一次登臺之前試著用起來。如果你能有足夠的時間做好萬全的準備，這當然是最理想的情況。但平時我們有很多突發情況，比如：上司通知的臨時會議、會上的臨時發言、面試中對方的臨時提問、商務談判中的提問。我們可能沒有提前視察的時間，但需要我們即興表達，這種情況下又該如何分析觀眾的需求呢？

這裡最核心的理念是，錨定與互動。

第一步：錨定。因為你經常出去演講，所以你對觀眾是有感知的，在有一個大致的判斷以後，你先把你心裡拿得穩的、必不可少的內容安排上，這是你自己對觀眾的基礎判斷。

第二步：互動。這一步就比較關鍵了。當給企業做內訓時，我常常做現場演練，這能有效解決很多人向上彙報的問題。說白了，當你只花一半的時間講完問題、原因、重點和計畫並能留出另一半的時間向老闆請教時，你已經贏了。因為許多職場人士都容易掉進「充分準備，把話說滿，老闆插不上話，最後自己帶著問題回去猛幹」的溝通陷阱。

如今我已經養成了分析需求的習慣，每次演講之前，我經過對觀眾的充分瞭解，都可以想像出自己和觀眾一起坐在觀眾席的場景，想像我們是怎樣的一群人，我們想解決怎樣的問題。

最後，還有一個很好用的招數，可以幫助你更好地做需求分析。演講時不管人有多少，開場我都會問：「大家對今天學習的期待是什麼？」

「大家想學到什麼東西？」這是第一個問題。如果第一個問題的效果不太好或者回應的人不多的話，我就會拋出第二個問題：「當演講、錄製短影片、直播或者開視訊會議的時候，大家遇到過什麼問題，尤其是與表達相關的問題？」

這兩個問題足以讓我獲得很多觀眾的真實回饋。在我們對內容熟悉的情況下，我們按照現場觀眾的回饋做出相應的內容調整，使每一次演講效果都超出預期。如果你想成為一位演講高手，在各個場合從容不迫，你就提前分析觀眾的需求，讓你想要傳遞的內容和觀點被更好地表達、輸出。

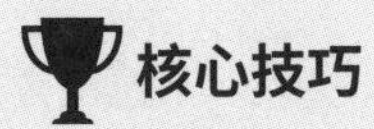

1. 找到與觀眾類似的人。
2. 找到目標觀眾身邊的人。
3. 找到目標觀眾的合作方或客户。
4. 找到目標觀眾的競爭對手。

制定框架：表達圈粉需要結構

BUSINESS SPEECH

“框架，讓演講者和觀眾對內容預期更明確。”

小時候，負責校外教學安排的導遊在大巴上會和我們強調春遊的意義：建立友誼、促進團結，好吃的要懂得與他人分享，記得和好朋友合影，留下美好回憶……當到達景區門口的時候，導遊會給每位小朋友發一張遊玩地圖，告訴我們今天有哪些好玩的遊樂設施，每個地方適合遊玩多久，幾點前必須回到景區門口集合乘坐大巴返回……通常，大家遊玩得很順利，體驗很好。導遊發的遊玩地圖會給這趟旅程加分不少，這是為什麼呢？因為導遊根據成百上千次的經驗，總結了一個遊玩框架。「框架」在很多情況下都非常重要，對於商業演講也是如此。

對演講者而言，不同的演講目標對應著不同的框架。而完整、精心設計過的框架，有峰值、有終值、有閉環，對觀眾而言也會帶來體驗的加分。在做了上千場演講之後，我總結出了演講的通用框架和在每一個環節隨取隨用的好方法，如果你在準備自己演講的過程中感到無從下手，或者在某一個環節遇到了阻力，那麼下面的內容可以解決你遇到的問題。

◉ 會開場的人成功一半

我的習慣是，開場不要說正事，先跑跑題。平時我們滑短影片的時候，一個影片的前3秒就可以決定我們是繼續饒有興趣地看下去，還是用指尖直接劃走。對商業演講來說也是一樣的，一個好的開頭與你的演講可以快速吸引觀眾息息相關。

大家都說，好的開頭等於成功的一半。我要告訴你，演講想要開好頭，有這樣幾個屢試不爽的方法。

(1) 引起重視，抓住觀眾的注意力和好奇心

有一位來自北京的女學員讓我印象非常深刻，她是簡一大理石瓷磚北京經銷商周微微。2021 年的跨年夜，我那時正在大理的一間民宿裡參加一場遊學活動，正端著熱茶期待

著晚上的篝火晚會，就在這種歲月靜好的輕鬆氛圍之下，我的電話突然響了起來。

跨年夜的來電，我知道這通電話一定不簡單。周微微在電話裡為她在跨年夜的來電打擾向我連聲道歉，然後說明了她這麼急著打電話向我求助的原因：「總部明天有一場大會，偏偏點名要我上臺分享。小寧老師，我是最怕上臺的，而且這種大會的議程都特別長，臺下的觀眾經常走神，你快幫幫我吧。要不是這麼急，我也不會這時候給你打電話了。」

周微微是簡一的頂級銷售經理，她的業績在全國都能排上前三。其實對於這樣的學員，她的演講是非常好調整的，因為她本身有足夠多的實用技巧，只要稍微「加工」一下，效果就會非常好。時間緊迫，我們決定把重點調整的部分放在開場。

讓我們一起想像一下，在公司的年度大會上，一定會有很多話題是關於總結和展望的，如果你也選擇這樣的話題，那麼一定會跟別的演講者撞題，導致觀眾容易走神，你自己也會覺得沒意思。這時候，我教給她開場的一個招式——引起重視。

引起重視無非就兩個關鍵字：獨特方法、引起好奇。演講者說的話必須是對觀眾有用的，比如觀眾聽完之後可以獲得什麼技能或者解決什麼問題，再者就是話題能夠引起觀眾的好奇心。做好這兩點，你就不用怕臺下的觀眾走神了。

我對周微微說：「你是頂級銷售，你一定要把你最突出、最特別、別人最想學到的東西拿出來，讓觀眾覺得有用。」有頂級銷售的光環加持，周微微的銷售方法信手拈來，比如：價值成交，通過角色配合成為優秀的銷售，如何打造團隊銷售流程……這些方法隨便哪一條臺下的經銷商都特別想聽。解決了獨特方法的問題，接下來我們需要把方法嵌入觀眾感興趣的話題，引起他們的好奇。

從跟周微微的聊天中我得知了一個很重要的資訊，經銷商很多都是「夫妻檔」，比如跑客戶、公司管理、出門應酬都是夫妻配合著來幹的。「在元旦這一天，臺下的觀眾一定不想聽太長的演講，所以我們把分享的內容嵌入夫妻關係的話題。你一定將是那場大會裡獲得最熱烈回饋的演講者！」我自己在電話這頭也跟著一起興奮起來。

最後我們確認了開場的內容：展現自己獨特的銷售方法，並以「如何通過夫妻配合完成巨額銷售，如何通過『調教』老公成為頂級銷售」的話題開啟分享。這看似是講兩性關係的故事，其實是在傳授實實在在的業務心法。

過了兩天，周微微發來消息：「小寧老師！這次現場的演講效果數我最好了，觀眾的笑聲和掌聲一直沒停下。下次總部再派我去演講，我肯定上！」

一個能引起重視的開場，不僅能讓演講的效果倍增，對演講者來說也是一次莫大的鼓勵。你如果有現成的文稿，不妨試試看用獨特方法和引起好奇的招式給自己重新設計一個可以引起觀眾重視的開場。

（2）樹立人設，在表達的時候傳遞雙份價值

有的人就是有一種表達的魔力，他只要一開口，就可以被觀眾牢牢記住；他的形象、語錄可以被很多人反覆琢磨，這不失為一種讓人羨慕的能力。讓我們回想一下，有哪個創業者在不同時代都在享受表達紅利？

科技企業家羅永浩這個人很值得我們研究。我研究了兩年發現，他的表達習慣和其他創業者最大的不同是，他喜歡在表達時順便展示自己的喜怒哀樂。在短影片、直播流行的今天，他的這一點不同成了一種流量密碼，叫作「立人設」。

如何立人設？這是你需要思考的一個重要問題。為什麼它很重要呢？人設就是人格魅力，假如你晚上要在家附近吃燒烤，有幾家燒烤攤的味道、裝修水準幾乎一樣，那麼你會選哪家呢？我相信你會選老闆比較熱情、你比較熟悉的一家。

假如我們要講專案PPT、對內彙報或者對外合作的專案，我們往往講得過於專業或單調。我們雖然把專案講清楚了，但是沒有把自己的價值在專案中一同展示，這就失去了一個打造自己特定人設、傳遞雙份價值的機會，這是非常可

惜的事情。

我在平常做路演諮詢的時候，除了幫助創業者講好專案，也幫他們梳理如何表達自己的價值。在周微微的故事裡，她通過自己的內容向我們傳遞了她的人設——銷售能力過硬，懂得如何經營兩性關係，兼具溫柔的力量與智慧。這也讓她在一群演講者之中被觀眾記住。

如何能像高手一樣立住自己的人設，在表達的時候傳遞雙份價值呢？首先，我們要有「個性鉤」。這個鉤子可以鉤出許多故事。

比如羅永浩，從他最早在西門子大廈門口砸冰箱開始，到他在網際網路上跟一些流量大V開戰，再到他幾次創業的產品發布會和早期他在新東方教學時的那些火爆全網的影片，以及他後來做電商帶貨主播時的「真還傳」[1]，都是在一步步展示他「率真意氣」的個性人設。當經營鍾子手機公司時，他那種工匠精神和為小眾群體發聲的表達在原有人設標籤上做了疊加，斬獲了一眾男性粉絲。跟著商家買，消費者用理性腦決策；跟著偶像買，消費者用感性腦決策。

總之，我們在表達中要找到一個容易被放大的性格特點、行為特徵或深度愛好，總之是一個吸引人的特質，在此

---

1 編注：與電視劇《甄嬛傳》諧音，是對羅永浩償還債務舉動的一種調侃。

基礎上再加上一個專業身分，比如：不喜社交的演講教練、玩滑板的大學教授、喜歡美食探店的企業家……這樣，你就很容易被人記住，保持公眾人物的話題性。

你可以回想一下，在平常的生活中，在朋友對你的評價中，最常出現的那個詞是什麼，你最常幹的事兒是什麼。那就是你可以被放大的「個性鉤」。

然後，我們要有「視覺錘」。最簡單的方法是形象特質。比如：江蘇衛視的主持人孟非，永遠是光頭形象，永遠在臺上歪嘴壞笑；臉書創始人馬克·祖克柏（Mark Elliot Zuckerberg）永遠都穿著灰色T恤，他的衣櫃裡估計有十幾件一樣的 T 恤；賈伯斯的黑色高領毛衣和牛仔褲。他們永遠保持一致的外形特徵，這使他們更容易被觀眾記住。

最後，你可以有「語言釘」。當一個人的口頭禪被大眾熟知的時候，我們就很容易記住這個人物。比如說羅永浩的「交個朋友」，演員馮鞏在春晚上的「想死你們啦」。「語言釘」是讓我們清楚地記住一個人的便捷方式，也是立人設的一個特定條件。你可以錄下自己的演講，看看在表達中你是否也有那些被你反覆使用且有記憶點的「語言釘」。

大眾傳播當中有條鐵律：一個人通常只能被人記住一個特質、一個故事。所以，雖然我提供了這麼多立人設的方法給你，但你一定不能貪多，找到最適合自己、最與眾不同的方法，人設的效用才可以發揮到最大。

（3）暖場自嘲，找到自己和觀眾都舒服的狀態

我觀察到一個有趣的現象：通常我們上臺演講都希望給別人留下輕鬆自如的印象，但實際去做的時候往往事與願違。比如說，我們可能比較著急地就進入演講的主要內容，這樣做的問題在於會使演講者與觀眾產生心理節奏上的不匹配。在演講者的節奏裡，他們很快就讓自己的劇本上演了，但是觀眾可能還沒有進入狀態。

回憶一下，那些高手在上臺演講的時候，是不是都不急著進入自己的主要內容？對，高手往往有暖場的動作。就拿相聲演員來說，雖然他們有師父教的固定腳本，但每次開場他們也有自己的發揮。有經驗的相聲演員會根據不同的場合、觀眾人群去做一些試探性的表演，也就是他們開場前的「扔包袱」；同樣，在脫口秀節目錄製中，可能需要現場導演暖場，帶動觀眾鼓掌，調動起現場觀眾的情緒，以保障節目效果。

我們把相聲演員的做法借用到演講中，該怎樣操作呢？你可以在開場前嘗試做一個簡單有趣的互動，如果能夠結合你的人設以及你今天要達到的目標的話，那麼效果會更好。比如，我是一個演講教練，我經常會到不太熟悉的場合進行分享，這時我通常會選擇開場先跑跑題、聊聊天，自嘲一下，讓觀眾先放鬆下來。

各位好，有人說我可能是全國美女學員最多的演講教練，我一直不敢確定。小姐姐們，你們今天用掌聲幫我確定一下好嗎？（掌聲）在場的各位男士，請你把目光轉向身邊的女同學，你們敢不確定嗎？（有人哄笑，掌聲）

大家發現了沒有，在開場的時候先調侃一下，扔兩個「包袱」出去，會讓現場的氣氛輕鬆起來。這裡有一個技巧是，我們要學會根據場合與人群定制開場。

暖場，可以給觀眾一種心理暗示——演講者很放鬆、很好相處、很親切。連續且快速的語言試探能讓演講者與現場觀眾達成一種共鳴。演講者可以帶著這種共鳴的感覺潤色整個演講的內容，保證內容被觀眾更好地接受。

很多演講者希望通過自嘲的方式在舞臺上打開局面。關於自嘲，我想提醒你注意兩點。

（1）一定要自嘲非專業的點，萬不可拿自己的專業和能力自嘲，否則如果你把握不好會適得其反。

（2）自嘲的目的是先抑後揚，看似是在貶低自己，其實是通過一個無關痛癢的話題引到正面的話題上，我稱之為「小缺陷，大價值」。比如我有一個經常用來自嘲的方法：「你們別看我體型瘦瘦的沒有胸肌，但我很有胸襟。」這個時候臺下的觀眾都會跟著會心一笑，我就知道我的目的達到了。

高手都會熟練地使用自嘲的方法，比如我提到的周微微，她就特別會保養，這是她的優勢。她的開場也會自嘲：「雖然我年過 40了，但還好『人老珠不黃』。想替夫人打聽我的護膚套餐、送禮物不用動腦筋的大老爺們，等會兒下場了可以來加我微信。」簡單的一句自嘲，既把自己的人設立住了，又能圈一波「顏值粉絲」。你學到了嗎？

當然，任何一次自嘲暖場都不一定能百分之百地達到理想狀態。你也可能會遭遇冷場或尷尬。遇到這樣的情況，我只想告訴你一句話：演講，過去的每一秒尷尬都不必糾結，接下來的每一秒互動都值得嘗試。

如果你開始手心冒汗，不知道該說什麼，不如試著保持坦誠，說出你在擔心什麼，讓觀眾和你一起面對。這是所有人都能使用的最佳策略，也是新手進階為高手的必經之路。這樣，你就有了第二次去熱場、去激發觀眾情緒、去施展你的語言魅力的機會。當你專注於一次又一次地影響觀眾時，觀眾一定會被你吸引。

核心技巧

1. 個性鉤。
2. 視覺錘。
3. 語言釘。

◉ 會講故事的人有優勢

要想讓對方聽懂，你就帶他經歷一遍。我經常提到，會講故事的人能征服世界。回顧歷史，從古至今都是會講故事的人擁有更高的社會地位，掌握話語權。比如在原始社會，當人們結束了一天的狩獵活動在篝火前圍坐之時，一定是氏族的長老或族長站在劈啪作響的火堆前，通過講故事的方式來傳遞先人的生存經驗、智慧或者管理氏族的規則。所以，在資訊傳播過程中，故事是最為重要的一個工具。

同樣，在商業領域我們也不難發現這樣的情況：通常來說，如果你有一個好的專案，想去找投資的話，你就必須講好這個產品、這個專案、這個公司的故事。所以，會講故事在商業時代幾乎成為一個人具備行銷競爭力的衡量標準。

賈伯斯天生就是一個講故事的高手。他通過車庫創業的奮鬥故事、離開蘋果公司又回歸的故事、參悟東方哲學的悟道故事、與病痛鬥爭的人生故事為蘋果公司和它旗下的蘋果手機增添了許多傳奇色彩。

（1）用三個故事撬動2000萬元的投資

你還記得我說過的那位撬動了2000萬元投資的女孩靜靜嗎？到底是怎樣的故事有這麼大的槓桿作用？為什麼在演講的框架裡講故事如此重要？

其實這三個故事很簡單。

第一個故事講的是市場機遇——我們發現這是一門好生意。當時正值國內大量的門戶網站開始轉向移動網際網路。網際網路企業興起，人力資源管理的需求開始轉向會議軟體、打卡軟體、管理軟體。靜靜的SaaS專案正巧抓住了這次市場機遇。

第二個是產品雛形的故事，也就是說清楚我們到底賣了一個什麼樣的產品。當時任何一個網際網路公司的產品開發出來都要有最小可行性產品（MVP）。當時，靜靜有一個大客戶是海爾，海爾正面臨著轉型。在交流的過程中，靜靜發現了一個急須解決的問題：在海爾的部門主管、中層管理者離職了以後，它的經驗就會流失，新來的管理者又要重新搭建一個管理系統，這樣成本就非常高。所以，靜靜的第一張牌打的是一張「學習牌」，管理者只要登錄靜靜的這個產品軟體，就可以獲得整個部門的知識庫。而如何幫助海爾提升員工和管理者的學習效率，是靜靜打的第二張牌，讓投資者可以特別真實地感受到產品為客戶解決問題、滿足需求。

第三個故事是講團隊搭建的故事。投資者的重要判斷是要看人、看團隊的，大部分的創始人講團隊的故事都會把團隊成員的簡歷挨個念一遍，花再長的時間也沒有辦法給投資者留下很深的印象。

還記得唐僧師徒西天取經的故事嗎？幹成一件事需要幾個扮演不同角色的隊友。靜靜做好SaaS專案大致需要這幾類隊友：公司需要海外合作，要有海外背景的負責市場的好手；公司要做軟體服務，要有技術開發背景的程式師；公司把產品賣給企業，要有大客戶銷售經驗的銷售人員……能把這夥人聚齊，大家各有所長，還怕事情幹不成嗎？我跟靜靜說：「你一定要用這樣的方式去講團隊搭建的故事。」

通過找大學的學霸同學、在網際網路大型公司有技術開發經驗的好哥們兒以及國外導師的推薦，靜靜組建了自己的初創團隊。從投資人角度來看，這個團隊是真實、靠譜、可以信任的，投資成功的可能性就會大大提升。當時，我和靜靜一起整理如何講好這三個故事，當她第二次去見投資者的時候，她拿到了自己想要的結果。

如果你也可以學會這套講故事的方法，那麼你往後在撰寫商業計畫書和專案推介時一定會更加得心應手，成為一名講計畫的高手。

（2）故事本質上就是一個能被傳播和行銷的載體

你僅僅說「我的產品好」、「我的人不錯」，這樣似乎還缺少一個載體。所謂的載體就像是一個包裝精緻的禮品盒，裡面裝著你的性格、脾氣、專業度、自我介紹、經歷、產品，甚至美好的願景。這一切都可以被包裝成一個故事，像禮物一樣讓人容易接受。

抽象地說，故事體現了表達內容的封裝能力。不管是過去的電視演講節目，還是現在的短影片直播 App，都為講故事提供了達成商業目的的平臺。很多人在短影片中講述自己賺取第一桶金的故事、創業被坑的故事、創業過程當中讓人振奮的瞬間，獲得了許多有共鳴的客戶流量。

所以我們看到，故事一定有它的商業價值。而學會如何講故事，不僅是這個時代幾乎人人必備的一種素質，也是演講中的一項重要技能。

講好故事能帶來怎樣的效果呢？我認識一位創業者叫劉楠，她發了一條短影片，講了她如何發簡訊說服徐小平同意見她並投資她事業的故事。她總結道，自己用一條簡訊製造兩個衝突。

徐小平老師你好，我是劉楠。我是從北京大學畢業的，現在在淘寶賣東西（當時電商還被許多人認爲是不正經的工作）。我雖然開了淘寶店，但我幹得還不錯，一年的收入是3000萬元。我現在收入很高，但是我有很多創業的苦惱，希望能有機會見到徐老師，幫我答疑解惑。

她說自己反覆修改這條簡訊，直到製造出兩個衝突：一是北京大學的畢業生開了淘寶店；二是她做得不錯，卻很苦惱。

一段文字，兩個衝突。劉楠通過簡訊的方式聯繫了著名投資人徐小平，結果徐小平當天就給她回了電話，並主動約了她到辦公室見面詳談。徐小平不僅告訴她很多創業方面的建議，還直接給了她天使輪的投資。有了明星投資人做背書，劉楠後面的A輪、B輪融資都很順利。

看完劉楠的故事，你可能也開始躍躍欲試，要挖一挖自己的故事。接下來，我會教給你一套講故事的稱手工具。我過去在中央人民廣播電臺做了7年的談話節目，請教過一些很有才華的導演，比如：陸川、賈樟柯、寧浩、徐浩峰。他們對故事的理解非常深厚，我從他們的解讀中找到一條共性的規律：故事，往往是因為「錯位」而生。比如，普通人修煉成絕世高手，霸道總裁愛上灰姑娘。「錯位」在這種長盛不衰的網路小說橋段中比比皆是。

我告訴學員，講故事要遵循一個核心公式：好故事=何時＋何地＋何人＋衝突＋反轉。

這時你可能會問：「我好像沒有衝突，我講不出來怎麼辦？」記住一個常識：這個世界上沒有永遠特別順利的事情。問題還是出在了我們自己身上，我們沒有觀察細節。在我們覺得很順利的事情裡面，一定有一些外行、普通人解決不了的困難。我們把這個困難拿出來放大，就有了衝突。比如，我一般上臺演講開場時都會很輕鬆，但有人一上臺就忘詞，感覺心態崩了。忘詞這件事在我看來可能不是什麼大事，但是對有些人來說，這是一個很大的困難。這樣一挖，衝突就有了。

我套用公式講一個故事：「2019年，在北京的一次演講中，我忘詞了，卻讓我這個演講教練大賺一筆。」這聽起來不就有意思了？你看，不是沒有衝突，而是你沒有找到發現衝突的方法。在演講的過程中，學會提煉自己的困難，放大衝突，能讓觀眾更好地共情。因為觀眾不是你，你是一個專業人士，你的能力很強，你根本感覺不到困難在哪裡，但觀眾不像你那麼專業。你從普通人的視角提出問題，觀眾才能感同身受。所以這就是我挖掘衝突、塑造吸引力的祕密。

公式裡的素材準備好了，我們接下來要解決的問題就是該如何把故事講出高級感呢？語文老師其實教過我們，倒敘、插敘、砍掉開頭直接進入某一個場景畫面，只要是這些不按時間線來敘述的手段，都可以很輕易地製造出「感覺」。

我個人最喜歡的是賈西亞・馬奎斯寫的《百年孤寂》的開場，他用了一種極其特別的敘述方式——站在未來的角度回憶過去，憑藉著巧妙的時空交錯形成了巨大的懸疑：「多年以後，面對行刑隊，奧雷里亞諾・布恩迪亞上校將會回想起父親帶他去見識冰塊的那個遙遠的下午。」

我記得當我第一次讀到這裡時，還坐在中學教室裡的我

核心技巧

1. 故事口吻：不要總結，要細節。

   例如：把「秋高氣爽」換成「上班路上，踩到了滿街的落葉」。

2. 故事情節：不可能的身分，完成了不可能的任務。

   例如：轉型為演講教練的主持人，在35歲幾乎講遍一線商學院。

3. 故事範本：至暗時刻，高光時刻。

   例如：好萊塢大片的經典敘事，兒時的童話和寓言故事。

直接被這種方式深深震撼了。這種高級感有點兒像：把一條連身洋裝的袖子剪掉，它就變成禮服了；把連身洋裝的後背再剪掉一塊布，它就成了晚禮服。不要鋪墊，開場前3秒直接給出最打動人心的畫面，這種敘事技巧已經廣泛應用在短影片等領域。

◉ 會共情的人有勢能

真正的推銷高手都是共情的高手。如果你在演講過程當中，通過對舞臺的把控成功地打開了表達狀態，體現了自己的價值和優勢，也獲得了現場觀眾的信任，那麼這就是一次讓人滿意的演講。如果你對於自己的演講還有更高的期待，那麼我要教給你接下來的這個殺手鐧。好的演講在最後還需要你再添一把柴，讓火燒得更旺，讓火燒進觀眾的內心，讓他們有想與你連接的熱情，被你圈粉。

那麼怎樣給演講再添一把柴呢？這就是本小節的主題：結尾共情，在情緒上點燃觀眾。演講者非常期待有這樣一種本領能夠使自己在演講結束的時候收穫人心。其實做過銷售的人都知道，我們在展示價值時是理性的，但真正讓客戶買單的是感性的情緒。那麼如何去製造這種情緒？我想教給你的核心技巧是，你要為一群人發聲，你要為一個人而戰，記得見好就收、點到即止。

我教過的演講學員全球有超過3000位，其實很少有人的話題可以真正打動我，可是一位王同學的演講給我留下了極為深刻的印象。她從一眾老練的演講高手中脫穎而出，獲得了那一次商業演講課程的冠軍。那次課程的演講主題是「假如你有一次重來的機會」。現場有很多高手，他們都是非常優秀的創業者。

有人講：「假如能有一次重來的機會，我會告訴20歲的自己……」

有人講：「假如還有一次重來的機會，我一定還會選擇現在這個我熱愛的事業……」

…………

大家都講得很好，但這些話題很難給我新的震撼。而王同學很不一樣，她走上臺，開始講她和她媽媽由來已久的矛盾，兩個人在電話裡常常不歡而散，以吵架收場。

她一邊說一邊低著頭，像個犯了錯的小女孩。一縷長髮一直被她繞在手指上卷來卷去，就好像她此刻緊張和糾結的情緒也似這般纏繞在心尖。

王同學繼續說：「我跟媽媽的隔閡已經不知不覺成了我生活和工作當中的一個困擾。很多人說原生家庭的問題不可戰勝，所以我選擇了破罐子破摔，拒絕溝通。」

「剛才就有那麼一個瞬間，我想我是不是可以把這個

『重來一次的機會』讓給我的媽媽。我的媽媽之所以成為現在這樣『很難溝通』的人，是因為她從小沒有得到足夠的愛。她成長為了一個非常缺愛和敏感的人，從而影響了我，也影響了我的人生。讓她有一次重來的機會，讓她擁有更多的愛，這樣她就有機會成為一個更好的媽媽，我也就有機會成為一個更好的女兒，並在未來成為一個更好的母親。」

在王同學講完這個故事之後，全場學員的注意力都在她的身上，沒人捨得打破這一刻的寧靜，所有人都陷入了深深的思考。幾秒之後，全場爆發出雷鳴般的掌聲，我當時就決定給她全場最高分。

回看王同學的這個故事，她做到了為一群人發聲，她替所有原生家庭不是特別幸福的一群人發聲，同時她為一個人而戰，她為她的母親而戰。而且，她在現場所有人的情緒達到最高點的時候結束演講，點到為止。我前面講到的兩個技巧她都用到了。

如果你在演講的結尾能夠跟現場的觀眾、你的潛在客戶達成情感上的共鳴，那麼你一定會收穫一眾粉絲，甚至是收穫很多長期的客戶，因為你已經完成了情緒的連接，所以情感的紐帶、信任的基礎自然而然就來了。

這個時代，有越來越多的企業品牌、個人品牌都在強調圈粉的戰略方向。比如 2020 年，當我去長城汽車給全體高管做演講內訓的時候，董事長魏建軍說：「我們長城汽車今年的品牌戰略就是圈粉戰略。所以，商業演講、自媒體矩陣都是我們一定要做強的事情。」

（1）圈粉的底層邏輯：學會共情

學會共情，通常從一個共同的身分開始。比如，我們都希望不停地提升自己，都希望在工作中獲得自我實現等。我們將自己和觀眾看作同一類人，價值觀統一、三觀統一才能產生共鳴，這是最基本的邏輯。

我們可以回想，從小到大，自己會被什麼樣的內容打動？在我的成長過程當中，有些優秀的文學、影視作品讓我難以忘懷，不時斟酌回味，內心激動萬分，久久不能平息。我們可以思考，這些作品是如何做到的？比如列夫・托爾斯泰的《復活》、余華的《活著》、沈從文的《邊城》，這些優秀的文學作品都是在講一個時代、一群人共同的喜怒哀樂和這些人難以抗拒的命運。

不管你是農民、工人、大學教授還是邊防衛士，不管你身處哪個角落，你一定都見過掌握著共情這個說話密碼的人，他們一開口就能贏得全場人的共鳴，讓觀眾為他們鼓掌。我在商業領域也有許多具有共情思維的朋友，共同的身分意味著為一群人的共同利益而戰，由此你就能贏得這群人的心。

（2）為一群人而戰，也是一種演講的技巧：上價值

很多商業演講明星為什麼能夠輸出價值、被人喜歡、被人記住？為什麼他們能夠擁有影響力？舉個最簡單的例子，在第一版小米手機正式發布之前，小米就將自己的應用放在了開源系統中，它讓最初的100位發燒友在論壇中下載其系統，並在試用後提出意見。

2010年8月16日，MIUI小米手機作業系統正式發布第一版。但它的開機畫面不是公司的標誌，而是在論壇上下載系統、參與測試的這100位發燒友的名字。當我在小米紀錄片中看到這一幕的時候，我的內心深受震撼和感動。當我們為了一群人而戰的時候，這群人會最先感知到。

在商業演講中，傳遞「為一群人而戰」的價值觀的例子還有很多。很多人都知道這個故事：在順豐上市的敲鐘儀式上，總裁王衛帶上了一個快遞員一起敲鐘。因為，曾經這個快遞員在送快遞的時候，被客戶無端惡語相向、毆打侮辱而受了委屈。這件事情很快被順豐的高層知道了，他們力挺了自己的員工。這件事情讓人非常感動。快遞員是順豐最主要的員工群體，正是他們支撐著順豐的商業帝國。

順豐的董事長王衛帶著這樣一個曾經被客戶惡意刁難、受過委屈並為公司付出青春的普通快遞員一起敲鐘，就是為了表達「順豐，此刻為這一個人而戰」，從而讓千千萬萬個快遞員有了強烈的代入感。這在演講當中是相當高級的一種

思維方式。

回顧你的演講內容，你是否傳達了你在為哪群人爭取利益，為哪個人而戰？

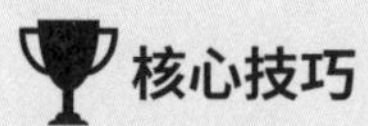

1. 為一群人發聲，或為一個人而戰。
2. 見好就收，在觀眾情緒的最高點結束演講。

◉ 下指令才有領導力

有影響力的人都有引導觀眾的習慣。在「制定框架」這個小節的開始，我就說過閉環的設計會讓觀眾的體驗加分。同時，閉環設計和演講結束的行動指令不僅對讀者有好處，對演講者也是如此。你如果沒有在一次對話中直接促成交易動作，那麼一定要記得在結束時與人建立連接。

你是不是常常在演講結束後表示，你願意提供資源，願意免費給出專業建議，結果卻發現真正找你的人寥寥無幾？如果我說，在過去你可能因為表達問題錯失了 50%的資源和機會，你會不會感到懊惱不已？

曾經的我開了很多場分享講座，但也跟你一樣在演講結束的時候什麼都沒有做，讓人脈、資源、機會白白溜走。但當我開始改變的時候，一切也發生了變化。我開始在演講的結尾加上某種行動指令，我開始在與人碰面後的第二天再次找他聊天……漸漸地，我發現自己有了「人氣」，變成了一個更受歡迎的人。常常有現場聽了我分享的朋友把我介紹去講課，好多商學院、知名跨國集團、一線民企的內部培訓邀約都是這樣得來的。

你一定好奇我是怎樣做的，現在我就把這個只用1分鐘就可以提升50%資源連結效率的方法教給你。這個技巧就是下行動指令。這個方法我教給過身邊很多朋友，我每一次在演講結束的時候都會說：「大家看，這是我的微信二維碼，請現場的朋友一定要加我好友，這對於你很重要。為什麼呢？演講就是商業效率，你加我之後把自己的個人介紹發給我，今晚不管多晚，我會給每一位新朋友潤色你的自我介紹，讓你一開口就給人留下深刻印象。」

我在每次演講結束後都會這樣做，當天回覆消息到深夜，第二天起床後回覆消息到中午。有不少人在演講結束後的一周內給我拉來合作。絕大多數人在相當長的一段時間內都與我保持溝通，甚至產生了轉介紹的長尾效應，有很多人會為我介紹客戶、對接資源。當然，面對不同場景，我會有不同的演講結束語。現在，我把做對了的事總結給你，希望能夠有效幫助到你。

下行動指令有4個要求如下。

（1）利他思維

你的行動指令一定是對別人有好處、有用處的——它是一個小福利。最簡單的小福利可以是發紅包，這是所有場合通用的拉近距離的好方法。占新朋友的「便宜」是讓人愉快的事情。哪怕福利和紅包沒有新意，你在表達的時候也一定要體現出這些是你專門為今天的演講準備的。你的福利還可以有各種各樣的形式，比如本次演講的課件、行動清單、你積累下來的 PPT 範本……你可以提前準備好福利包，這樣做你一定會吸引更多的人與你連接。

（2）越具體越好

我聽過一個做茶酒生意的學員的演講結束語：「我的辦公室就在朝陽公園對面，我這個月不算忙，工作日的下午我都會泡壺好茶和朋友聊天，如果各位下午路過附近，一定到我那裡坐坐。來一次，我教會你喝一種茶。」你看，有具體的時間、地點、事件就很容易讓人付諸行動。果然，一周內很多人去了他辦公室，他們學習了關於茶的知識，還順便買了些茶帶回家或作為伴手禮送人。

（3）越及時越好

就像我的「自我介紹」行動指令，我會強調「大家一定要現場加我好友」、「我今晚不管多晚都會回覆」。我會熬夜回覆、加班回覆，這就是我的及時性。及時性才可以將我演講的長尾效應發揮到最大。當大家對於你的演講內容印象最深刻的時候，你要趁熱打鐵。

（4）體現專業度，保持開放性

要想低成本地讓別人相信你的專業度，你需要的是一種產品思維。你需要找到那個最佳的「敲門磚」和「引流款」。比如當我出去演講時，我最後說「大家有演講問題可以找我」會顯得太籠統，還不如「1分鐘自我介紹」容易讓人心動。你在體現專業度的同時，還要保持開放性，你可以給自己貼上很多開放式的關鍵字標籤，比如商業定位、自媒體策劃、演講表達……這樣你的觀眾就會成為你的轉介紹中心，當他們以後有相關的需求或者他們的朋友有相關需求的時候，他們就會想到你。

今後，你可千萬別再說「以後 ×× 方面有問題就找我」這種話了。

核心技巧

1. 小福利：很剛需、低成本、見效快。
2. 要具體：具體的時間、地點、事件。
3. 要及時：發揮長尾效應，趁熱打鐵。
4. 專業度和開放性。

金句點睛：送給觀眾一個特別的記憶點

BUSINESS SPEECH

“金句是你行走江湖的名片。”

如果你覺得金句只是用來放在PPT上供觀眾拍照的，那誤會就太大了。一句點睛金句的作用遠超你的想像。我的一位學員因為一句金句收穫了巨大的紅利，品牌效應、行業資源接踵而至。

這位學員名叫詹志波，我叫他老詹。他經營著一家以做釣具起家的家族企業。他的家族企業歷史可以追溯到清朝咸豐年間，傳承到詹志波這一輩，企業越做越大、越做越強，也開拓了非常多的新業務領域。讓他收穫紅利的金句源自2019年由《家族企業》雜誌主辦的「創二代傳說演講」。

在上場前，我和老詹一起確認稿件。對他而言，素材、故事、內容全都不是問題，唯有一個讓他底氣不足的困惑他向我坦言：「小寧老師，我倒是會講故事，但就是沒有一兩句給力的話能讓別人記住我。」我給他支了一招：「很簡單，上金句！」金句是演講的靈魂，而且好的金句背後折射的其實是一個人、一個企業家、一家公司對於這個行業的使命和願景。我接著問他：「你的企業在行業裡一定會有一個定位。這個定位的呈現往往是以小見大的。在你的企業生產的產品裡什麼東西是最小的？」

「是魚鉤。」他說，「我們的魚鉤是最厲害的，曾經的漁具生產廠商基本都是日本的巨頭，後來我們製造出來的一款魚鉤賣到了全球各地，成功突破了日本的封鎖。」

我們琢磨了一下，魚鉤是「小」，那什麼是「大」？其實，從魚鉤的故事裡相信你也聽出來了，民族企業家的開創精神蘊藏其中。我們的金句自然而然就有了：「魚鉤是彎的，但民族企業家精神百折不彎。」

我讓老詹一定把這句話寫在 PPT 上，會有奇效。第二天在演講現場，我遠遠地觀察，一共有 5 位演講者，只有當老詹講這一句的時候，幾乎全場人都舉起手機來拍照。我就知道，這句金句成功了！我也在結束後跟很多觀眾交流，我問：「你們對哪位演講者的印象最深啊？」大家不約而同地說：「就是那個人！那個講魚鉤精神的老詹。」

如果你的金句足夠好，那麼即使你的故事沒被別人記住，你的金句也一定會被別人記住。後來，我在另一個活動結束後的酒會上遇到老詹，他端著酒杯走過來說：「小寧老師你知道嗎？從去年到今年，你幫我調整的那句金句幫我交到了很多企業家朋友，連接了不少資源……」

如果我問起讓你印象深刻的那些演講，在你腦海裡閃現的，一定有那麼一兩句你難忘的金句。可能因為時間的關係，你已經記不清楚演講的具體內容了，但你總是會想起這幾句金句。這就是金句的魅力，我甚至覺得，沒有金句的演講是沒有靈魂的。

金句可以靠靈感，但是對普通人來說，可以依循和模仿的金句範本更有實操性。我總結了 5 個金句範本，你可以選擇最適合你的內容和風格的範本，從而為你的演講增色。

◉ 號召式

比如那句「做自己的英雄」。《哪吒之魔童降世》這部動畫電影上映時特別火，各大門戶網站、社群媒體、公眾號都在討論，好像這部電影突然變得特別值得寫文章，有特別多角度可以去解讀……我就在想這到底是為什麼？一定是行銷策略做對了什麼。

看完網上的內容，我發現有兩句話出現的頻率非常高：一句是「我命由我不由天」，另一句就是「做自己的英雄」。這種口號式的短句既接地氣又很有力量，傳播效果非常好，很多網路文章的標題或者開篇的第一句都引用了。

我發現越短、越口號式的東西，越容易被大眾接受、理解並傳播。這就讓我想起「少生孩子多種樹」、「每天一個蘋果，醫生遠離我」、「垃圾分類從我做起」等口號。這種口號都特別容易被人記住。

行動指令，說白了就是號召「讓我們一起……」。它簡單直接，但就是好用。

◉ 打比方

來聽聽這些巧妙的比喻——「像戀愛一樣去工作」、「生命是一襲華美的袍」、「創業就像一邊開飛機一邊修飛機」……這種比喻都是金句，一句頂一萬句，因為人類學習一個陌生的領域都是先從已知的領域尋找參照物開始的。我們判斷一個人對一個領域的理解是否夠深、夠透，就看他能不能用精闢的比喻、用外行可以迅速領會的語言解釋陌生的知識。

◉ 做對比

有一個固定句式比較好用，「與其……不如……」。比如：「與其混吃等死，不如艱苦奮鬥」、「與其默默無聞，不如開始演講」……

做對比的本質是什麼？我認為是中國傳統文化中講的「趨利避害」，也是西方心理學中講的「厭惡損失」。它本質上就是在一句話中曉以利害，把利害關係做對比，利用生物本能引起人的注意，因此就很容易得到傳播。

◉ 名言改編

當我輔導企業家融資路演的時候，我經常會幫內向嚴肅的演講者在演講中加上一點黑色幽默的元素，比如「不想當將軍的士兵不是好司機」。

當我給企業進行職場溝通內訓的時候，我為了解釋上下級溝通的必要性，經常會開玩笑說：「1000個哈姆雷特眼中有1000種老闆，各位哈姆雷特，你們同意嗎？」大家會哈哈一笑，拿出手機拍下PPT上的這一頁，發到社群媒體。

◉ 反認知

正所謂「出奇制勝」，打破思維定式有時會帶來語言上的奇效。表達的背後原本就是思維方式。我將用最快的方式告訴你，如何成為說話特別的人。

你只要用簡單的逆向思維就可以輕鬆製造金句。比如我常常會在分享現場曬出一句話：「演講，就是要以自我為中心。」這句話引發了許多商業人士的共鳴。我們從小缺乏演講鍛煉的場合，東方人的含蓄內斂導致我們過於慢熱，不敢袒露自我。而演講的影響力往往是通過打開自我、展示自我而取得的廣泛信任和追隨。

金句，是最好的「拍照背景牆」（見圖2-1）。它可以讓觀眾舉起手機，用一張照片把你和你的價值自願地發布到個人社交媒體上。正所謂「金句恆久遠，一句永流傳」。

｜圖2-1｜我線上下分享裡，總會設計一些金句頁

現在，打開你的稿子，看看在哪些地方你可以按照以上5種範本添上一兩句金句，讓觀眾在離開會場後還會反覆回味，幫你再次傳播。

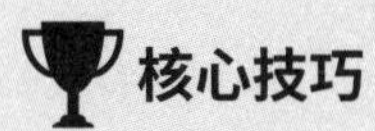

1. 號召式。
2. 打比方。
3. 做對比。
4. 名言改編。
5. 反認知。

5

標題包裝：
首先做到吸引眼球

BUSINESS SPEECH

“標題直接影響了70%的觀眾的興趣。”

網路中有個詞叫「封裝」。封裝指的是給很好的內容或產品賦予顏色、氣味或者形狀，說白了就是讓這個內容或產品有一個吸引人的賣相。起上一個好的演講標題就是讓演講內容的賣相更好，這個步驟是必不可少的。

在我幫助了30多家上市公司的高管包裝演講以及積累了很多諮詢經驗之後，我發現在構思標題這件事情上有一個可以遵循的規律：好的標題都做到了感性思維和理性思維的有效結合。

◉ 兼具專業性與通俗性

首先我們要變得感性一點兒，要突破原來起標題的理性習慣。比如說，我曾經輔導過一個人力資源專家，他慣用的出場標題是「如何通過教練的方法找到職業發展核心優勢」。這個標題是不是聽上去差點兒意思？它好像沒有辦法一下子擊中你的興趣點。

專家說話通常都是很抽象的，外行人不能理解，所以專家往往會陷入自說自話或者只能跟同行對話的境地。我當時讓他換了一個說法，把主標題改成「每天盼著去工作」。這是一個很感性、很短的標題，更容易被觀眾記住，而且看起來很有情緒。如果符合這兩個條件，它就是一個好的主標題。

接下來我們說說副標題。我們在一些行業會議或者學術會議上的演講是需要有更專業的闡述的。這個時候，我們就可以把「通過教練的方法找到職業發展核心優勢」這個標題變成副標題。這樣副標題解決了專業度和準確度的問題，主標題解決了代入感和情緒的問題，演講效果就會立竿見影。

當我們在 PPT 第一頁封面頁面停留的時候，我們是給這次演講做鋪墊的，其中既包含了感性的因素，也包含了理性的因素。如何把這個鋪墊做好？有個小技巧。

如果在一些比較輕鬆的環境中，比如說線下的沙龍分享，那麼這時候我們可以把副標題去掉。因為在這種場合觀眾的心態是沒有那麼正式的，大家通過一個感性的主標題可以輕鬆理解你的內容，所以那種比較嚴肅、專業的長副標題就可以省略。

◉ 突出你可以帶給觀眾的效果

標題的核心要素是感性，那麼具體要如何使標題更感性，從而讓我們的演講賣相更好呢？其實你可以借鑑商家打廣告的思路去找到突破口。

打廣告能讓使用者知道使用產品之後的效果，其實給演講起標題也一樣。想一想觀眾在聽完你的資訊、你的演講內容之後會獲得怎樣的效果或者發生怎樣的改變，從效果和改變入手就容易很多。比如說，有一個戶外廣告的口號是「×× 老人鞋，冬天不凍腳」，這就直接體現了產品的功能效果。

有的產品在宣傳自己的時候會突出虛擬價值，也就是超越基本功能的效果，這就更高明了。比如說「人頭馬一開，好事自然來」，廣告商把喝完這個酒以後的收穫與更大、更美好的情緒價值聯繫起來。在聽完這個廣告之後，人很容易產生愉悅的感覺，這就是很高明的包裝。

◉ 具體、具體、再具體

說到效果，很多人容易陷入一個思維誤區：聽完我這個演講，你們能夠提升自己的核心競爭力，所以我的演講標題就是「提升核心競爭力」。不用我說你也發現了，這個標題的效果不是那麼好。當你對於效果的描述太寬泛時，你是沒法引起觀眾的興趣的。

如何讓標題具體可感？我們把標題放在一個具體的人身上或一個具體的場景中，具體的效果就出來了。舉個例子，同樣是提高表達能力、競爭力，我會起這樣的一個標題：學會演講，讓你一分鐘就能連接貴人。

這裡的關鍵在於具體，比如具體的時間、具體的結果、具體的功效。如果我們借鑑「人頭馬一開，好事自然來」的效果起標題，我們可以說「做了個人 IP，客戶自動上門」。也可以把你的願景寫上，比如我的願景是「幫助1000個創業者成為行業意見領袖」。

除此之外，用適當的「標題黨」的方式去起標題，把廣告語當中的一些技巧遷移過來，是非常好用的方法。我們去的任何一個門市或者我們在網上購買的任何一個品牌，它們的宣傳語都是我們很好的學習素材。當你準備一個演講標題時，有一個很簡單的方法就是想一想你經常購買的品牌的宣傳語都是什麼樣的，你不妨直接借鑑一下。

比如說，我喜歡人頭馬的廣告，我的演講標題就可以是「演講力一開，好事自然來」，這就是一個很有衝擊力的好的演講標題。從各種宣傳語裡，你能找到新的靈感。把別的品牌的宣傳語進行化用，你會得到一個非常好的演講標題。

比如：

（1）商業演講，不只是吸引。（浪莎[2]，不只是吸引。）

（2）演講，山高人為峰。（紅塔集團[3]，山高人為峰。）

（3）創業先上演講課。（送禮就送腦白金[4]。）

如果你仔細琢磨出來了一個新的標題，卻擔心新標題不能產生你預期的效果，那麼我建議你可以做一下觀眾調查，用真實的回饋來測試你的標題效果。回到我們一開始說的，封裝你的內容，為你的內容起一個好標題的重點在於：從用戶的角度出發，通過一個標題打開想像空間。

2　編注：浪莎是中國一家主要從事紡織品生產、銷售的公司。

3　編注：紅塔集團主要經營菸草企業為主，提出山高人為峰企業理念。

4　編注：腦白金成為中國知名度最高和身價最高的保健品品牌之一。

核心技巧

1. 兼具專業性與通俗性。
2. 突出你可以帶給觀眾的效果。
3. 具體、具體、再具體。

6 講前演練：成功需要預演

BUSINESS SPEECH

“很多成功的人會提前腦補自己的成功。”

毫不誇張地說，我見過很多在演講前演練到「崩潰」的演講者。有的人在演講前把自己關在一個密閉的房間裡面，邊踱步邊背稿子，到最後背了後面的忘了前面的；有的人越練越緊張，稍有不如意，比如說肚子餓、化妝不是特別理想就開始發飆，上臺前的氣全散了；有的人演練到「走火入魔」，嘴裡面念叨的都是書面語，比如「致力於」、「以……為核心」、「全面提升」，這一演練「話都不會說了」。

還在獨自一遍又一遍死磕背稿嗎？還在上臺的前一天焦慮自己的手該往哪兒擺、眼睛該往哪兒看嗎？在演講之前的演練其實也有方法，別讓你一遍又一遍的演練都白費了。在我看來，演講前的演練有 3 個核心思路。

◉ 對人彩排

我們設想一個場景：現在你要去參加一個行業會議，你們一行人匆匆坐飛機趕往另外一個城市（我經常開玩笑說，人有的時候在高處才會想到一些好主意，所以我特別喜歡在飛機上閱讀，還有討論一些決策的事情，去想一些創意）。你可以在飛機上和你的同事討論演講的思路，這可能會給你帶來很多靈感；你可以在演講的前一天晚上，在酒店的酒廊裡面喝一點酒，尋找一些感性，這也會給你帶來一些不同的思路。

你甚至可以在演講前一天的晚上，在酒店的房間裡面讓你的同事充當你的觀眾來給你做一次排練。你要逐漸把稿子扔掉，看一眼提示，就講一大段內容。讓你的同事判斷你講的每一個段落是否太長或太短，是否需要再增添一個故事或者案例，哪個地方的重點和亮點還不夠，語言是不是夠風趣幽默，你平常講的那些段子和金句有沒有加進去。這些都是可以請其他人來陪你完成的。

◉ 對鏡練習

對鏡練習是指在準備好內容之後，你在安靜的狀態下對著鏡子的演練。這樣的練習有三方面的幫助：一是你可以對著鏡子去調整自己演講的表情；二是你可以調整說話聲調的高低、語氣的起伏、節奏的快慢；三是你可以對著鏡子做一做手勢，看看自己做手勢的幅度大小，還可以找到站直的感覺，讓自己提防駝背，還能進行微笑練習以及確保服裝得體……

◉ 現場踩點

如果有條件的話，你可以和你的同事或者夥伴一起去演講的現場做一次演練。當我去大學演講時，我一般會提前到演講場地，站在階梯教室的臺階上或講臺上，讓我的工作夥伴在臺下給我回饋。

我會問他：「我的身姿是否挺拔？我在臺上來回走動的距離是否合適？我的手勢幅度是否足夠大？」演講的場地越大，你的手勢幅度就要越大，不然最後一排的觀眾是看不清楚的。演講的場地越小，你的手勢幅度就可以越小。我會讓我的同事站到最後一排，問他我的音量是否合適。我會提前找到調音的老師，請他在我演講的時候，把我的音量放得稍大一點兒，因為我演講時會把聲音放低，這樣顯得我更有權威、更放鬆。

這種現場演練會幫助你在正式演講的時候遊刃有餘，不用再慢慢適應現場，從而你的心理壓力就會變小。這就是現場踩點的意義。

另外，在做完演練以後，我會去熟悉周圍環境，比如當我在大學演講時，我中午會去大學餐廳吃個飯，觀察有可能去聽我演講的人群是什麼狀態。當你看到真實可感的人群的時候，你就不會再恐懼了，因為你知道了演講物件是誰。最讓人恐懼的事情是你不知道演講物件是誰。這就是演講者要做的心理調適，也就是適應環境和適應人群。在吃完飯以後，我會坐在階梯教室附近的咖啡店裡面，讓自己安靜下來，等待下午的爆發，這也是一種狀態的調整。

這一系列的演練都是為了我在正式演講時有更好的發揮。如果你可以在演講之前做好這3方面的準備，我相信你會是最自信、最輕鬆的那個演講者。

如果情況特殊，你沒有時間或機會去熟悉環境，要怎麼辦呢？即使你沒有時間做充分的準備，你也應該利用演講前的一點點時間，跟現場的主辦方、觀眾進行交流。我給你準備好了幾個用來交流的問題，讓你在演講前的半小時吃下一顆定心丸。這些問題是：你是抱著什麼樣的期待來聽我今天下午的演講的？你想獲得什麼？你最大的困惑是什麼？你周圍的人是怎樣看待這一困惑的？你怎樣看待我今天的演講主題？

主辦方和觀眾會給你兩個角度的回饋，憑你的行業經驗你一定可以對你的演講做出及時的策略性調整。

好的演講不僅是一次精彩的發揮，也是一次充分的交流。

很多人的失誤就在於他做了一次精彩發揮，但他沒有與觀眾進行充分的交流。在現場提前跟觀眾溝通能夠保證你的演講內容被他們充分理解。相信經過這樣的準備和調整，你的演講會收獲更好的回饋。

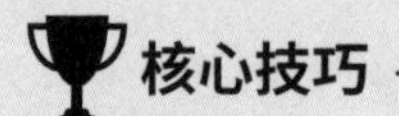

核心技巧

1. 對人彩排。
2. 對鏡練習。
3. 現場踩點。

BUSINESS

當眾演講，練就圈粉體質

我們本該學會站上舞臺，大膽地展示自我，受人關注，被人喜愛和讚美，從而在心裡產生出一種「配得感」。但很可惜，很多人因為從小的成長環境，沒有獲得過「配得感」。沒關係，在本章我們會一步一步地學習，你完全來得及做出改變。

SPEECH

克服緊張：轉移自己的注意力

BUSINESS SPEECH

“緊張是「狼」，演講就是「與狼共舞」。”

關於演講，緊張可能是你最先關心的問題。你是不是每次上臺前都要經歷臉紅心跳、手抖心慌的感覺？首先讓我告訴你一個很有趣的現象：比你強大10 倍甚至100倍的人，在演講前也和你一樣面臨緊張。

我們的緊張與人類的大腦結構密切相關。1995 年，心理學家丹尼爾・戈爾曼提出了「杏仁核劫持」概念。杏仁核是大腦中的情緒中樞。在危急時刻，杏仁核可以使人在最短的時間內調動全身心能量應對突發事件，這是它積極的一面。但是，它也會使人處於一種下意識的失控狀態，比如突然跳起以躲避某種危險，又比如勃然大怒。杏仁核帶來的應激反應很可能是不經過大腦思考的，於是我們會陷入被恐懼、憤怒等強烈情緒控制的狀態——你被這些情緒「劫持」，緊張自然無可避免。既然無法避免，怎麼才能做到與緊張「同臺共舞」呢？

◉ 拋出幾個問題，現場解決，轉移注意力幫你去掉表演感

解決緊張的第一個方法是轉移注意力。我幫一位學員調整緊張情緒的故事，簡直可以作為應對演講緊張的解題範本。

這位學員叫六六，我一接觸她就可以感受到她的雷厲風行、活潑大方。她來到我的演講課上，睜著期待的大眼睛坐在第一排。在課程中，有一個環節是邀請大家來到臺上做一個簡單的自我介紹，說說自己的經歷、行業。這下六六可慌了，面對臺下那麼多人，她的語速越來越快，臉色通紅，那個自信爽朗的職場女性不見了，臺上站著的是一個雙手互相絞在一起、緊張到身體顫抖的小女孩。

後來她直接崩潰了，在臺上坦言：「小寧老師，我是不是太緊張了，你們是不是都聽不清我在說什麼？不怕你們笑話，超過3 個人的場合我都覺得緊張。」學員們也都笑了。這是個值得學習新知識的好機會。於是我說：「那太好了，今天我們就一起見證一下，最難克服的緊張是怎麼被克服的。」

「六六，我剛剛聽你介紹的是有關你業務的話題。你能告訴我們，今年你業務上面對的3個挑戰是什麼？你又是怎麼解決的嗎？」

我向她拋出了兩個問題，她開始跟我們說她彙報人的增加、新業務的拓展、大型會議的增加，又開始講她是如何思前想後、搬救兵找經驗的故事……六六的語速開始變慢，她本來通紅的臉也開始恢復正常，她還自然地加了一些手勢和肢體動作。

故事講完，六六回過神來跟我們說：「我剛剛講的時候光顧著解決問題，沒太顧得上自己的表現，怎麼樣？我還緊張嗎？」大家有目共睹，就在短短的幾分鐘裡，那個因為緊張而表達困難的六六已經可以非常流暢地展示自己了。

其實，就像六六一樣，當緊張的情緒占據自己內心的時候，你可以試著拋出幾個問題，再把問題一一解決。人的精力是很難兼顧多件事的，當你的注意力放在解決問題上時，你就不會過分在意自己的表現，你的表達就會更加自然。

◉ 找到認真的觀眾，和他互動，通過聊天打破一人背稿的窘境

解決緊張的第二個方法是互動。當六六輕鬆講述自己的故事的時候，她講到了解決新業務開拓的難題，這個難題是

很多高管都會遇到的，於是我就特意在六六講話的間隙插了一句嘴：「六六，你不信問問他們！」

這個時候六六也心領神會，她自然地點到了一位坐在第一排的女學員，簡單地與她做了一個互動，女學員也特別配合地給出了自己的回應。現場的氛圍開始變得更加輕鬆，從聽六六一個人演講到大家一起參與。經過這個小小的互動，六六的表達變得更加從容。

當你演講的時候，你可以適當地插入一些小互動，找到那些面善、認真的觀眾，和他們互動可以快速地讓現場的氛圍變得更好，這也最大限度地緩解了演講者的緊張，使其找到更加強大的舞臺控制力。

◉ 上臺前多問自己為什麼，找到使命感，提前調動好情緒

還有一個可以讓你忘掉緊張情緒的方法——啟動使命感。「使命感」聽上去有些抽象，我會告訴你如何用3個問題達到目的。

在你上臺之前，你可以試著認真回答這3個問題。

（1）我今天為什麼要來到這裡？（我在為誰而戰？）

（2）在現場我能幫到觀眾什麼？（如何現場利他？）

（3）我想給觀眾留下什麼印象？（如何塑造人設？）

那是2015年的一次比賽，現在回想起來它可以算是我職業生涯的轉捩點。在那次比賽中，我就是通過這3個問題讓自己完成了一次接近完美的發揮。

我在2010年考進中央人民廣播電臺。因為在體制內的優秀主持人特別多，所以每一個崗位都是「一個蘿蔔一個坑」。

雖然我已經足夠幸運，掙得了一個對新人而言算得上黃金時段的早高峰節目，這需要我在北京大雪紛飛的冬天5點起床，趕30公里路到南禮士路的中央人民廣播電臺大樓直播間……但我不甘於此，想著一定要把握機會嶄露頭角，才能有所突破。

我等了5年，機會終於來了。臺裡面舉辦了一次名為「廣電總局技術大練兵」的脫口秀大賽，因為平時我閱讀量比較大、涉獵知識面廣、思維活躍、主持有風格，所以節目中心派我去參加這一次的比賽。雖然我準備充分，但面對眾多主持高手，尤其是臺裡經驗豐富的老主持人，我還是開始緊張起來。我盡量讓自己遠離候場室緊張的氛圍，沉浸在自己的思緒中。我問了自己那3個問題。

（1）我今天為什麼要來到這裡？（我在為誰而戰？）

我為了自己來到這裡，為了證明自己優異的業務水準而戰。這樣我就把贏一場比賽的目標，轉換成了一種更感性、更有情緒的動力。

（2）在現場我能幫到觀眾什麼？（如何現場利他？）

我不僅要展示我的業務水準，還要展示我的脫口秀風格，讓其他節目中心的同事也可以感受到節目的話題性和互動感。

（3）我想給觀眾留下什麼印象？（如何塑造人設？）

怎麼樣才能成功呢？我要講究策略。前面的選手好像都很注重話題的深度和情緒上的觸動。如果我想要脫穎而出，那麼我一定要走不一樣的路線，不如我就在歡樂的語言風格中提出一些對社會問題的深思，展示一個有思考、有幽默感的人設。

在回答完這3個問題後，我的注意力瞬間就轉移了，我沒有一點兒精力再留給緊張了。

話筒拿在手上，好戲正式開場。當我清楚地看到我們頻道的總監，那位常年戴著金絲邊眼鏡、一身工作服的嚴肅主管在我講的過程中笑得合不攏嘴時，我就知道我成功了。

比賽結束後，有一位名望非常高的朗誦藝術家前輩向專家評審團打聽我的名字：「那個小夥子是誰？能不能介紹給我認識一下，交個朋友。」通過這一次尋找使命感、擺脫緊張感的比賽，我獲得了行業泰斗的賞識，我給自己打滿分。

這次比賽我最終獲得了臺裡的第二名。在這次比賽之前，我可能因為主持風趣、善於互動被很多人熟知；這次比賽之後，我優秀的業務能力又加深了各位主管對我的印象，這給後期我在體制裡的發展帶來了長久的助力。

下一次當你面對一些重要場合止不住緊張的時候，你可以給自己找一處安靜的地方，也問問自己這3個問題，啟動自己的使命感，你一定會看到奇效。人一旦把注意力聚焦到具體的問題上，就沒有亂七八糟的想法了。即便你可能還是在緊張，但已經不重要了，因為你的情緒已經被使命感引導。

如果時間充分、條件允許，我們也可以把這3個問題的答案說給身邊人聽。在你說出來之後，他人的肯定和鼓勵也會增加你的情緒能量。用好這3招轉移自己的注意力，營造輕鬆的氛圍，緊張再也不會是你完美發揮的阻力，你必能從容開場。接下來，我會再教給你幾個互動「大招」，幫你在登臺後快速打開局面，讓觀眾給你情緒助力。在氣氛熱起來之後，你怎樣發揮效果都不會太差。

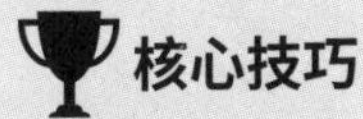

1. 拋出幾個問題，現場解決，轉移注意力幫你去掉表演感。
2. 找到認真的觀眾，和他互動，通過聊天打破一人背稿的窘境。
3. 上臺前多問自己為什麼，找到使命感，提前調動好情緒。

打開氣場：找到熟悉感和掌控感

BUSINESS SPEECH

“把每一個現場打造成自己的主場。”

在我的抖音粉絲數沒到100萬之前，我從沒想過網上那麼多人對演講的理解是說話有氣場。

根據百度百科，氣場是指一個人的氣質對其周圍人產生的影響。那麼，為什麼演講中氣場很關鍵？因為演講的氣場越強，越可以製造影響力。

如果你能克服緊張，你就已經是一個60分的選手了。如果你在上臺之後能和觀眾聊兩句並進行簡單的互動交流，那麼這個演講的開場就是70分。接下來我們的重點是如何讓演講者達到80分甚至90分，將交流的狀態持續下去，讓觀眾快速瞭解你、喜歡你、信任你。

在我見過的演講者中，有60%的人都是因為對氣場的理解不正確，最終影響了演講表現。他們很努力地想展現出自信和掌控感，甚至刻意表現得很強勢、威嚴，試圖扭轉臺上臺下兩方的地位，建立自己的權威感，但這註定是適得其反的。觀眾此時對演講者的感知只有緊張和不接地氣。

很多頗有建樹的企業家、上市公司的高管私下告訴我，自己對交流有顧慮，擔心鎮不住場子，但又知道背稿子並不是最好的選擇，想要輕鬆駕馭演講卻又沒有方法，所以一直很困惑。於是，我給他們提出了一些建議，解開了他們心中的疑惑。

◉ 製造熟悉感，打造自己的主場

演講者通常認為，氣場源自於地位的差距。在演講當中，你往往也會下意識地尋找這樣的氣場，卻總是弄巧成拙。

在我的商業演講體系中，我強調的始終是用交流替代演講。在這個體系下，氣場不是我們抬高自身地位讓觀眾仰視，而是在平等溝通中讓每個觀眾感受到你的掌控感和專業性。

我們在演講這件事情上如何打造主場呢？如果明天你要在一場行業大會上做演講，那麼你可以提前一天帶上同事去一趟會場。和調音師傅聊聊天，寒暄一下，可能他會願意幫你打開音響，給你個麥克風試試音。這時候你就可以到舞臺上去試講，讓同行的人提些建議，比如自己的音量如何，手勢幅度夠不夠大等。

同樣的道理，如果明天你要在大學進行演講，你就可以提前去學校附近走走，吃個午飯，熟悉一下環境。還記得我們前文講過的要點嗎？熟悉感能帶來自信。這是一個很神奇的心理學現象。比如我們去一個未曾去過的目的地，去的時候可能覺得很慢，回來的時候覺得變快了，這就是所謂的「輕車熟路」。

假設同樣一個場合有不同的演講者，那些從來沒上過臺、對這個場景陌生的演講者更容易感覺緊張。而如果你提前來過演講場地，提前試驗過、熟悉過，甚至和調音師聊過，給工作人員帶過小禮物，你就更容易把這裡打造成自己的主場。

當我給學員進行演講輔導的時候，我會與他們一同參加會議，完成從演講策劃、執行到覆盤整個流程的服務。我會帶他們去熟悉場地，這是我輔導過程中的一個重要環節，這個環節是為了幫他們製造熟悉感，找到主場的感覺。這會使他們最終站在舞臺上的時候，明顯比其他演講者更有氣場。

這個問題恰恰是很多演講者沒意識到的，因此他們的演講策略從根本上就出錯了。「總想裝成『大老虎』，結果上臺唬不住人。」你會看到很多人一臉嚴肅地登場，用非常正式的措辭去講，以為這樣可以打造氣場，實際上觀眾感受到的卻是這個人身體緊繃、非常緊張，內容也是照本宣科。

這種模式造成的更嚴重的後果是，演講者和觀眾會陷入對抗的狀態，觀眾要麼選擇對抗到底，屏蔽演講者的內容或者反感對方，故意挑刺、提難題，要麼選擇直接逃跑，開始默默玩手機或者直接走人。無論哪種結局，都不是演講者想看到的。

◉ 開場先互動，瞭解觀眾真實訴求，開始解決問題

我們需要重新梳理自己的演講策略，一開場先跟觀眾交流他們的需求。觀眾首先感受到的是你的坦誠自然，尤其在幾百或上千名觀眾的面前，你的放鬆和自然會讓每一個人都感覺你遊刃有餘，而這恰恰就是舞臺上最重要的掌控感。所謂氣場，就是我們解決問題時忘我的樣子。

很多專家就是在這裡出了問題，他們會認為演講就是要自我表現良好，給觀眾留下好的印象，於是他們開始時時刻刻注意小細節，卻丟掉了最重要的「利他狀態」，陷入緊張，自我較勁，忽略了觀眾的需要。實際上，所有有氣場的演講者都是在舞臺上保持專注的人。他在舞臺上是一個專注

於解決問題的形象，是專注於幫助別人的演講者。他專注於表達和給觀眾傳遞思想。這種專注會產生一種令人信服的效果。當一個人全心投入的時候，他的演講水準就已經是80分了。所以，專注於解決問題的人擁有氣場。

◉ 調動情緒，上場前引入優質能量

快速提升氣場需要你調動情緒。根據我多年的演講輔導經驗，這個方法對初學者幾乎是最重要、最快見效的。

演講有「黃金 30 秒」，對於這 30 秒的使用，我從輔導學員的過程中總結出一些經驗，你即使沒有經受過任何語言訓練，也可能曾在演講中創造出一些精彩時刻。

通過打聽和調查，我發現大家在講述自己的親身經歷時最忘我。這時候，你稍加運用技巧就可以在演講中表現得很好。一旦規定演講主題，演講者的演講效果就會大打折扣。這說明什麼問題？當講述自己親身經歷的時候，人會回憶起自己當時的體驗和情緒，所以能自然而然地講得很好，我把這個時刻叫作「心流時刻」。那麼如何把這種優秀的狀態轉移到更多的演講情境中呢？

先舉個例子。有一些需要同時兼顧事業與家庭的創業者，我發現這個群體往往在重要的談判、演講之前都會跟自己的家人進行影片通話，哪怕只有幾分鐘。這幾分鐘對他們當天的工作狀態和演講效果都會有很大的說明。

在重要的演講之前獲得家人的加油鼓勵、朋友的祝福和寬慰，演講者的情緒就能得到提升。有了一個好的狀態，演講者就不難達到「遇水搭橋，逢山開路」的效果。這就是通過情緒調動幫演講者提升能量值，不管是為了證明自己、為了家人，

還是為了獲得認可，都能夠成為演講者氣場的來源。

優質的能量、堅定的使命感會讓我們一上場就閃閃發光。

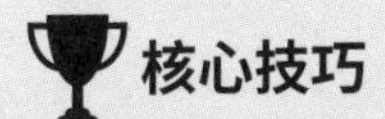

1. 製造熟悉感，打造自己的主場。
2. 開場先互動，瞭解觀眾真實訴求，開始解決問題。
3. 調動情緒，上場前引入優質能量。

3

巧妙互動：營造氛圍輕鬆的現場

BUSINESS SPEECH

“在演講中，會調動氣氛的才是高手。”

在前面的章節裡，我們提到過互動，這是一個可以幫助演講者快速進入輕鬆氛圍、自如發揮的方法。在本章節，我會給你提供互動的方法工具箱，它適合不同場合，包括不同話題，你隨時拿來就能用。

◉ 利用道具，快速調動現場氣氛

我有一位在傳統行業工作的女學員，她在稀土永磁行業深耕了 18 年，我們都叫她「稀土磁姐」。大到軍事技術、新能源汽車，小到手機揚聲器、女士皮包的磁扣……用磁姐的話說，我們人類無時無刻不生活在一個「磁」的世界裡。

雖然磁技術的應用範圍特別廣，但是它在女性品牌中的應用還是少數。後來，磁姐利用稀土永磁的技術做了一個產品——磁扣絲巾，也就是利用磁吸固定絲巾做出造型。她需要幫這個新產品快速打開市場。後來，她來到了我的課堂。一開始上臺的時候，磁姐講了很多專業技術，講到了磁技術在航太、飛機、高鐵上的運用，這讓我們對她刮目相看。但我在觀察現場後發現，她和觀眾之間幾乎沒有互動，因為這個技術對普通人來說實在是太陌生了，觀眾壓根兒就沒感覺，大家該玩手機的玩手機、該理頭髮的理頭髮。磁姐作為行業專家在臺上講得滿頭大汗，我非常替她著急。後來我就給她出了個主意：「下次演講的時候，你就把你做的絲巾帶來作為道具。」磁姐特別爽快，一口答應：「那沒問題，我送每個人一條絲巾都沒問題！」

當第二次上課時，磁姐帶來了她的絲巾，還沒等她上臺，她就被那些女學員團團圍住，大家就由這條磁扣絲巾開始了聊天，所有人的好奇心和注意力都被絲巾吸引了。我還給磁姐支招：「上臺以後，你可以找個女學員，給她做一個絲巾造型的小教學，再開始你的正式內容。」果不其然，現場的氛圍一下子被點燃了，磁姐自己的演講狀態也打開了。憑藉一件小道具、一個小設計，原本對話題不太感興趣的大家都被牢牢吸引住了。你如果也有自己的產品，那就把它直接帶到臺上，這比空口講述要有趣很多。

但如果我沒有自己的產品或者我的產品不方便展示，我該怎麼辦呢？我也有一招。

在一次線下的交流活動中，有一位做古董收藏的朋友問了我一個問題：「小寧老師，如果我要去講我的故事，我該怎麼使用道具呢？我的那些瓷器、書畫、造像可太多了，但有的大件不方便攜帶，有的價值太高，我帶了會有一定風險。」

我當時就給他出了一個主意：「你去各個地方采風、尋訪的照片你都留著吧？你跟傳承人、收藏家會面的照片，以及有些藏品的歷史沿革的圖片資料你都有吧？你把這些照片都整理一下，做成一個開場短影片，在以後每次演講前播放，把這些重要的畫面、時刻通過影片展現給觀眾，再跟他們講述你發生的奇遇、收穫的感受，觀眾的共鳴一定會強很多。」後來這位在古董收藏界頗有名望的前輩真的按照我說的方法去做了，他給我的回饋是：「小寧，感謝你提升了我的語言魅力！」

你看，巧用道具做開場互動，無論什麼形式都可以，這就是你「出場就熱」的祕密。

◉ 學會提問，使用多選題＋簡答題

我們會發現，很多時候臺下的觀眾並不是對演講者帶來的演講不感興趣，他們可能只是因為情緒沒有被調動起來，還處在沒被喚醒的狀態裡，還沒有準備好進入演講的正式內容。所以，我們在開場的時候還要注意「喚醒觀眾」。

怎樣喚醒觀眾呢？尤其是對內向的演講者來說，有沒有合適的練習方式呢？結合前面所講的，我們可以先通過問觀眾問題的方式來進行互動。問好問題，演講就成功了一半。

我們也看過很多看似熱鬧、實則說假話的電視採訪和成功學演講。在這些演講過程中，當演講者一直問臺下的觀眾「是不是、對不對、好不好」這樣過於簡單的問題時，觀眾就會覺得這場演講毫無價值、低級乏味，因為這類問題並不能創造足夠的資訊價值。

那麼什麼是好的問題呢？有一次我去北京的某個教育展做演講，在這次活動中我遇到了一位知名的幼稚園園長。她穿著棕色的套裝，戴著金絲邊的眼鏡，微微花白的頭髮也燙得整整齊齊，給人一種專業、有涵養又不失慈愛的感覺。她在整個演講過程中感情充沛，和臺下家長互動愉悅，現場氣氛十分輕鬆。她在這次演講過程中問的一個問題引起了我的注意。她是這樣問的：「我想請問在座的各位家長，你們家孩子最喜歡的是什麼顏色？為什麼？」

這裡我們要注意，她其實提了兩個問題。我們可以想一下這樣的問題和「是不是、對不對、好不好」問題之間的區別。這種問題的答案是多樣的，而不是單一的，其能直接帶來個性化表達的機會，這恰恰是啟動觀眾的最佳「誘餌」。現場馬上就有一位家長站起來說：「我們家囡囡最喜歡紫色了，因為她最喜歡《冰雪奇緣》，她每天都要穿成小公主安娜的樣子，披著紫色的袍子。我們帶她一起坐雪橇，去看過紫色極光；我們一起去過最北端，看過紫色的霞光……」這位家長的一番發言也獲得了滿堂彩，為這位園長的演講加分不少。

我想，這位園長一定是一個演講高手，她成功地用一個開放性的問題活躍了現場的氣氛，讓觀眾自己給演講增添了內容價值。以後你在上臺之前，不妨也下功夫設計幾個問題，讓觀眾參與你的演講。

◉ 巧用案例，建立情感連接

在我們互動的過程中，效果好的時候可以帶動全場，但也要準備好面對沒有觀眾回應的尷尬境地。這個時候演講者需要再加一把火，給現場增加一些溫度和情緒，讓現場的觀眾更願意開口說話。

曾經有一次，北京某大學邀請我去做一個有關提升表達能力的分享，我在分享的過程中講了很多方法和技巧，但是學生們對我一直沒有太好的反應。我估計這是因為我作為面向商學院、企業家、創業者的老師，在大學生群體中沒有熟悉感，沒有讓他們產生互動的意願。

我意識到如果不及時調整我的內容，我的講課效果會越來越差。於是我打了一個岔，開始給大家講起我學生時代的故事。我講到我如何從廣東珠海拖著兩個行李箱跑到北京，用10天的時間通過一層層的藝術生考試，最終成功考進中國傳媒大學新聞播音主持系的故事。一個故事說罷，我明顯感覺到現場的這些學生對我的認同感有了提升。我講了一個跟大學生觀眾群體近似的案例，和他們建立了情感的連接，當我再次進行互動的時候，學生們一改之前的沉默，變得特別積極。氣氛暖了，後面的課就好講了。

最後，再給你一個我自己常常在上課中運用的方法，作為這一小節的錦囊，讓你輕鬆掌控開場互動。當線下上課的時候，因為堵車、臨時有事，學員們的到場時間都不一樣，所以為了保證內容的完整性，一般課程總會比預計的遲5 ~10分鐘開始。因為大家彼此都很陌生，在這段時間空當裡，基本沒什麼人說話，現場的氛圍比較沉悶。這個時候，我總會做兩個動作開啟互動，讓場子暖起來。

第一，對離我比較近的學員，我會主動問他們一些問題，比如：你是從哪兒過來上課的呀？是坐飛機還是坐高鐵來的呀？

哦，你從北京來，那你感覺杭州和北京的創業環境相比怎樣啊？

在這樣的問題裡，很多人會找到自己也想要回答的、共性的問題並加入討論，很多開朗的學員也可以拿到話題的主導權，讓更多的人參與交流。

第二，離我較遠的學員，我也不會遺漏，我會隨機點出一兩對學員，讓他們站起來認識一下、互相交流，打破陌生與尷尬。在話匣子打開之後，周圍的人也會主動地開始介紹自己、認識新朋友。這個時候，我課前暖場的互動目標就達到了，我也會悄悄離開講臺，為接下來正式的登臺做好充滿儀式感的準備。

以上三個互動的技巧和開場錦囊，你只要用好一個就非常加分了，如果你能夠在不斷的練習中把方法融會貫通，那麼不管是什麼場合、面對什麼樣的觀眾人群，每一個舞臺都會是你的主場。

核心技巧

1. 利用道具，快速調動現場氣氛。
2. 學會提問，使用多選題＋簡答題。
3. 巧用案例，建立情感連接。

臨場反應：面對問題的拆解能力

BUSINESS SPEECH

“表面上是即興發揮，本質上是應急機制。”

你可能會羨慕那些臨場反應一流的表達者，他們可以把場上的任何一個「包袱」接住，把每一個傳過來的「球」打出漂亮的迴旋。這是天賦嗎？他們的語言能力天生就如此強大嗎？其實，通過問題歸類的方法，所有的臨場反應都有章可循。

我曾經做過訪談節目，一般這種對話類的節目都特別需要能碰撞出思維火花的主持人和嘉賓。有一位長期做客我的節目的嘉賓，我們倆在一塊兒錄節目的效果都特別好，收聽率特別高。他就是職業生涯規劃專家、職引網 CEO 王新宇，他非常風趣幽默。但有時他喜歡給我「挖坑」，比如，我誇讚了一同做節目的美女嘉賓，他就會調侃我，說我對美女格外關照。

雖然我知道這是開玩笑，但是我意識到節目裡不能總是出現這種調侃，畢竟那時候我還在中央人民廣播電臺工作，主持人需要對節目的尺度有所把握。前幾次我就只能尷尬地隨意回應，後來我苦思冥想，終於想到了一個解決方案——問題歸類、做好預案。

我把新宇兄經常調侃我的這類問題歸為「男女問題」。之後但凡出現同一類問題，我都用一個核心的思路來回答，這樣無論在什麼場合，無論是誰在提問，我的臨場反應都會很快、很自然。我想出了一個輕鬆幽默的回答：「你不仔細看對方，怎麼知道她是美女呢？」

果然，下一次當我面對這個「坑」的時候，我就用這個回答成功化解了尷尬。我的戰術是，面對尷尬的問題，把問題拋回給對方，對方就不會再跟你糾纏了。

通過問題歸類、做好預案的方法，我把經常會遇到的問題都認真準備了一番，並且不斷地更新、積累。在後來的主持生涯裡，我的臨場反應都很快，也因為這一個業務優勢，我在臺裡獲得了多個主持獎項，還獲得了很多大咖的關注和讚許。一個困擾我許久的問題，通過我的方法總結和刻意練習，變成了我自己獨特的優勢。

如果你也想成為一個在臺上遊刃有餘、反應迅速的演講者，那你可以試試這個方法：把所有的問題歸類，然後給每一類問題提前設計一種回答思路。在別人提出一個問題後，你的第一反應不是去直接回答這個問題，而是首先思考這個問題屬於哪一類，然後自動觸發相應的回答機制，這樣你就能從容應對。練好臨場反應對演講者而言是一招殺手鐧。一些問題引起的尷尬可以通過臨場反應巧妙破解；臨場的出色發揮也會讓觀眾感受到你的自信和自如，特別是在商業演講中，可以讓觀眾感受到你的真誠和實力。

我在輔導一些企業創始人做個人IP和短影片的時候經常說:「念稿的老闆通常都做不好自媒體。」而那種溝通自然、能夠臨場發揮的老闆就會顯得更真誠。真誠塑造的是信任，而信任才是傳遞商業價值的基礎。

除了「問題歸類、做好預案」，還有幾個很好用的幫助你提升臨場發揮水準的方法，如果你都能掌握，你一定是全場最從容的演講者。

當遇到友好的觀眾和輕鬆的氛圍時，大部分人都可以發揮良好，但往往出現在觀眾席上的還會有「大佬」、「刺兒頭」、「槓精」。如果你在思維方式和語言表達上沒有足夠的應對經驗，他們輕則會分散你的注意力，重則影響你的演講節奏，最壞的情況下，甚至會使你下不來臺，形象全無。

我曾經就在很多場合遇到一個讓人尷尬的問題——「小寧老師，你做演講是不是很賺錢啊？」雖然這可能是對方的無心之舉，但是大家都知道在那樣一個場合，這個問題不太合適。

場上出現了短暫的安靜，氣氛眼看著要冷下去，還好每一次我都很好地回應了，我用的就是以下幾個方法。

（1）面對尷尬的問題，一笑了之

如果提問者比較友好，提出的問題沒有那麼冒犯，那麼你可以嘗試用幽默的方式回答問題。針對剛剛提到的讓人尷尬的問題，我會說：「哎呀，不多不多，也就賺了不到一個億。」稍有些情商的觀眾都可以聽出我在開玩笑。這句話不僅可以回避對方的問題，還能帶來輕鬆幽默的氣氛。

（2）面對跑偏的問題，正面回答，創造價值

面對跑偏的問題，我們需要「反客為主」，把問題引導到對自己有利的方向上。比如面對與我的收入相關的問題，我會回答：「我聽出來了，你是不是很想瞭解培訓行業，比如現在你自己的這個行業怎麼做培訓？正好，這方面我在行，回頭我們交流一下……」看上去我在回答問題，其實我把他的問題拉回到了我熟悉的領域，還深挖了這個問題的價值，順便又給自己「打了廣告」。

（3）面對沒有準備的問題，集中答疑，給自己思考時間

如果你真的遇到回應不了的問題，作為演講者，你一定要冷靜，不要激動，不要落入一些惡意觀眾的陷阱，不要著急辯駁。你可以這樣回覆：「感謝提問，一會兒會有一個集中答疑的時間，到時我們再交流。我先把準備好的內容給大家講完，最後再集中回答大家的問題，好不好？」只要現場大部分觀眾覺得好，那你就迅速進入下一部分內容。這實際上是給自己一個思考和回應的時間，我把它稱為「問題停車場」。

（4）面對有壓力的問題，「一對多」轉化為「一對一」，私下解決

我們還可以設想更極端的情況：挑戰者搶話筒，或者觀眾突然站起來不斷追問甚至有意挑釁。如果我們遇到這種不依不饒的提問者，我們可以把「一對多」（公開提問）的情境轉化為「一對一」（私下提問）的情境。這叫作「大事化小」。

你可以說：「我感覺你對我們的事業特別感興趣，想為我們提供幫助。為了不耽誤大家時間，你可以找我的助手。」這是一個非常聰明的終結動作。

作為商業演講者，你在現場一定要有終結問題的能力，不然你就會很容易被別人干擾。所謂控場，其實真正考驗的是一個人面對問題的拆解能力。語言只是表像，關鍵在於語言背後的思維。

還有一種大家害怕的演講舞臺困境：臺下觀眾裡有前輩和「大神」。這時演講者往往會擔心自己表現不好，成了「關公面前耍大刀」。在這種情況下，也有一些技術性的操作能夠幫助我們掌控場面。

前輩一般都是比較寬容的，但也不排除有些人會故意問一些顯示自己的水準同時又刁難演講者的問題。在這種情況下，我們要找到自己和前輩之間的差異點。比如，你可以強調自己和目標客戶的匹配度，前輩是行業大咖，其服務物件主要是大客戶，而你是服務中小客戶的，你更懂中小客戶，而且你的收費和服務性價比很高。用自己的邏輯掌控演講，這就是商業自信。無論你面對多少不確定性和挑戰，你都不用慌。

核心技巧

通過問題歸類，提前做準備，把臨場發揮從「天賦」轉變為人人可得的「能力」。

1. 面對尷尬的問題，一笑了之。
2. 面對跑偏的問題，正面回答，創造價值。
3. 面對沒有準備的問題，集中答疑，給自己思考時間。
4. 面對有壓力的問題，「一對多」轉化為「一對一」，私下解決。

舞臺基本功：
為表達額外加分

BUSINESS SPEECH

“容易被人忽視的地方藏著打造優勢的機會。”

如果你按本書目錄看到這裡，那麼你的演講內容一定已經非常完善了，你可以準備上臺檢驗自己的學習成果了。這一章節的內容是你在候場時使用的錦囊，它告訴你怎樣通過聲音、手勢、肢體的練習給你的演講加分。學會這些技巧，你的表現力就會提升20%以上。讓我們開始吧！

◉ 聲音塑造

什麼是好的聲音呢？我給大家舉個例子，我就讀於中國傳媒大學新聞播音主持系期間，我的導師是馬桂芬教授，她教過羅京、李瑞英、康輝、歐陽夏丹等知名主持人。我曾問她：「在您看來，什麼樣的聲音是好的聲音呢？」導師回答：「我們在初試已經聽過考生的聲音了，對其有了初步的印象。當複試的時候，我們聽見走廊裡考生的聲音就知道是誰到了，這樣的聲音就是好聲音。」我繼續追問導師這句話的含義，她說：「這就是聲音的辨識度。在中國，唱歌好聽的人不計其數，但在最後成為巨星的人裡，大部分人都是因為唱歌的聲音和腔調很有特點，容易被人記住才容易走紅。」

我恍然大悟。之前我以為好聽的男聲就應該雄渾寬厚，好聽的女聲就應該清脆甜美，其實不然。我們作為普通人，學會放大自己的聲音特點就夠了。如果你的聲音比較甜美，你就不用刻意追求知性，但如果你的聲音比較沙啞，那麼或許你走知性路線更有可能成功。

明確了這個認知，我們就不用再糾結於自己的普通話是否足夠標準、聲音是否足夠洪亮。無論什麼樣的聲音都是演講者在舞臺上能夠利用的最有力的武器，它可以幫助演講者控制內容節奏、調動觀眾情緒。那麼，如何將聲音的作用發揮到最大？下面是幾個大家都會遇到的「聲音難題」。

（1）演講的時間長了，容易嗓子啞，如何調整？

有的人的聲音可能確實弱一些、小一些，我建議這類人把話「喊出來」，把聲音打開。

當我在中國傳媒大學上學的時候，我每天早上是要趕早練聲的。我們一群人天天在樓下「吊嗓子」，來保持自己的聲音狀態。我建議大家早上醒來，先打開一篇新聞報導，大聲朗讀 5~10 分鐘，經過這樣的練習，你的聲音就會被打開。這個練習還可以幫助你開啟一天的聲音狀態，找到聲音的位置。比如，你早上有個早會，如果你能在家先練習打開聲音，那麼你在主持會議的時候會顯得更有精氣神。

通過這樣的練習，你的音量的確會提上去，但是又產生一個新的問題：長時間靠「喊」來發聲，很多人會覺得嗓子累，經常一場演講下來聲音就啞了。

實際上，這個問題是因為我們提高音量的同時沒有使用正確的呼吸方式，導致氣息支撐不足，也就是不會用丹田運氣。也許你曾經聽很多老師提到過丹田運氣的方法，但是你怎麼都摸不到門道。我有一個可以快速學會丹田運氣的方法，讓你用氣息支撐幾個小時的演講而不累、不啞。你可以回想一下當你用力搬桌子、抬床墊時不由自主地發出的「嘿」的聲音，其實這就是丹田運力的效果。丹田大致在肚臍下方二指距離的位置，也就是小肚子的位置。當我們邊說話邊「托」著氣息往外送的時候，我們的發聲效果是最好的，這個送氣的過程就是丹田運氣。當搬桌子、抬床墊的時候我們就很容易找到這種感覺。通俗地說，就是當你平常大聲講話的時候，你要能感受到小肚子微微用力。我經常跟學員們說，在演講時要感覺到「肚皮像張鼓，始終有彈力」，找到一種控制的感覺。如果你講話時間長了，覺得小肚子有點兒酸脹，就說明你做對了。我們一旦掌握了這種小腹用力的方法，就能夠長時間在舞臺上大聲講話而且嗓子不啞，也會更有安全感。

（2）吐字含混不清，如何改善？

播音員說話和普通人說話的最大區別在於清晰度，聽新聞時我們不看字幕也可以聽得特別清楚。怎樣才能提升吐字的清晰度呢？

吐字清晰的核心在於兩個維度，一個是唇齒的力度，另一個是舌尖的力度。唇齒的力度其實就是嘴唇和牙齒的配合度，也就是在發聲的時候嘴唇和牙齒是否可以配合得好。我們可以通過練習一些包含「開口音」的繞口令來提升唇齒的配合度。

「開口音」指的是發音裡帶「a」音的，比如「爸爸」、「媽媽」、「娃娃」、「笑哈哈」。一個很典型的開口音繞口令：

八百標兵奔北坡，

炮兵並排北邊跑，

炮兵怕把標兵碰，

標兵怕碰炮兵炮。

八了百了標了兵了奔了北了坡，

炮了兵了並了排了北了邊了跑，

炮了兵了怕了把了標了兵了碰，

標了兵了怕了碰了炮了兵了炮。

——繞口令《八百標兵奔北坡》

舌尖力度則可以通過練習舌尖觸碰牙齒的發音來提高，最經典的練習是包含「d」、「t」音的繞口令，比如：

調到敵島打特盜，

特盜太刁投短刀。

擋推頂打短刀掉，

踏盜得刀盜打倒。

——繞口令《打特盜》

你可以把以上兩個繞口令記錄下來多加練習，特別是念到「a」、「d」、「t」音的時候注意用力，你的發聲會越來越清晰。

（3）說話語氣太平淡，沒有感染力怎麼辦？

解決這個問題有三招。第一招是提起蘋果肌，也就是顴骨前的脂肪組織，讓你的聲音變「暖」。聲音也分冷暖，而且聲音的冷暖度是可以調整的。播音員和主持人為了提升親和力，會做一些刻意訓練來提升自己聲音的暖度。怎麼做呢？你可以試著在說話的時候把蘋果肌提起來，也就是找到微笑的感覺，你會發現自己的聲音變暖了，更有感染力了。

第二招是在語句裡加入一些「氣聲」。回想一下我們給小朋友講話的語氣：「很久很久以前，山上有一個老爺爺……」當我們給小朋友講話時，我們的語氣不會像平時跟成年人說話一樣平淡，而是會加入一些「氣聲」、「虛聲」，給聲音增加一些氣息，製造懸念感和神祕感。這種「虛實結合」的發聲方式在夜間電臺節目裡也經常能聽到，即使只聞其聲，你的注意力也會被主持人吸引，情緒也會被調動。

最後還有一招：當講述的時候，記得「聲調有高低、語速有快慢、長短句結合」。有的大學教授在講課過程中都保持同一個聲調和語速，即使內容再好，學生聽了還是犯睏。相反，家裡的清潔阿姨說起自己的精彩見聞來，那叫一個繪聲繪色，聲調高低起伏，語速時快時慢，讓人聽得津津有味。

當我輔導很多學員做自媒體的時候，我發現受教育程度和專業水準很高的學員往往喜歡用高度概括的長句來表達，這很容易讓觀眾感到枯燥乏味。反觀那些娛樂博主或者美妝博主，他們拍影片用的都是短句，這就讓觀眾感覺特別簡潔易懂。當你發現自己的句子越來越短的時候，就證明你的表達越來越成熟了。

回顧這一節的內容，我們首先明確了好聲音的定義，然後討論了如何鍛煉氣息，讓自己聲音的續航能力更強，最後探索了如何讓我們的吐字變得立體、清晰、有感染力。如果這些要點你都能做到，那麼你的演講氣場會更強，表達效率會更高。

◉ 手勢配合

我常常掛在嘴邊的一句話是「從登臺演講到登臺領獎」，也就是說當演講的時候，高手可以找到一種自信滿滿、氣場十足的狀態，從上臺演講之前就很有「派頭」，彷彿上臺是為了領獎。想擁有這種「派頭」誠然要靠長年積累，但也有一種更快捷的方法可以讓你更像一個高手，那就是管理好自己在臺上的手勢。

有40%的演講者會忽略身體語言的重要性，他們站在舞臺上從開始到結束都是同一個姿勢。這種演講方式會顯得人很呆板，毫無吸引力可言。以下是我從這幾年的演講輔導中總結出的經驗，你每次上臺前可以再對照著提醒自己一下。

（1）上臺第一件事：把你的手抬起來

如果你總是筆直地站著講完一場演講，下臺之後才意識到自己忘記做手勢了，那麼請記住我給你的第一個建議——早一點把手抬起來。在你演講的前3句話之內，你一定要抬起手來做一次手勢，這是一條鐵律。如果一個演講者能在前3句話之內記得做手勢，那麼他這一整場演講就都會記得使用手勢。這裡有一個很有趣的現象：當一個不太擅長演講的人把手抬起來時，他就很難再把手放下了。因為不自如的人很難切換狀態，所以當他把手抬起來時，他就會很難找到機會再把手放下，就只能一直做手勢。這會讓很多初學者感覺到，把手抬起來好像也並沒有什麼問題，從而被動地戰勝了恐懼。他在得到了觀眾的點頭示意等一系列良好的回饋後，就能更大膽地做其他手勢。

（2）肘關節彎曲90度，手指舒展

把手抬起來之後，到底要擺出什麼手勢呢？我有一個萬能的手勢給你參考，把你的肘關節彎曲90度，這樣會顯得更有開放性，讓你更像一個演講者。

另外，在舞臺上做手勢還有一個需要關注的細節。有時候演講者感覺自己已經足夠自信地做了手勢，但在觀眾看來他的動作仍舊是不夠自信、不夠有力的。造成這種情況的原因是什麼呢？這往往是因為演講者在做手勢的過程中手指不

夠舒展。我們可以看到，有些人做手勢的時候，手指是彎曲的；而有些人做手勢的時候，手指十分舒展。這兩種手勢給別人傳遞出的資訊和力量有很大的差距。

（3）抬手、放手，交叉使用

在學會了手勢之後，你要注意千萬別一直做同一個手勢，抬手和放手要交叉使用。我們可以想像，完全不使用手勢和整場都抬著手演講，這兩種表現方式都算不上自然。

（4）數字手勢和邀請手勢非常好用

如果基礎的手勢你已經可以應用自如了，我再教給你進階的一招——使用數位手勢和邀請手勢為你的演講加分。很多成功的演講者，比如賈伯斯就特別喜歡用數字手勢。數字手勢會讓別人感覺你是一個很有邏輯的人，從而增強你的說服力；而邀請手勢的作用在於它可以讓觀眾感受到演講者的善意，觀眾對演講者的信任感也會隨之而來。在我們熟知的知名企業家裡，俞敏洪在演講、直播時就經常用邀請手勢。

還有一些企業家，比如王石，他們的個性很強勢，他們在演講過程中大都手心向下，這代表了控制。有一些網際網路創業者，比如臉書公司創始人馬克·祖克柏這種技術出身的企業家，他們的演講習慣是手心相對，這種手勢傳遞出的是精準、高效。再比如文化教育、人文社科這類領域的成功人士，他們在演講的時候常常是手心向上的，這是送禮物式的手勢，代表了演講者想把自己的思想、產品當作禮物送給自己的客戶，送給這個世界。這些不同的演講手勢背後代表的是不同的人設。

如果你在演講過程中想表現得專業、權威，你可以做很多有堅定感的動作，比如單手指天、單手握拳、大手一揮等手勢。如果你想表現得自信，你可以多做一些邀請、互動式的動作，把手伸向你的觀眾。演講者敢於在舞臺上互動，才能自然地散發自信。如果你想要表現得有親和力，你不妨多做一些和觀眾聯結的動作，比如用手在空中劃弧線，把自己和觀眾聯繫起來，這樣就能拉近你與觀眾之間的距離。前文提到的送禮物式手勢也能產生類似效果。

總體來說，手勢的種類並不重要，它與你想要在舞臺上塑造的人設形象有關。手勢只是在特定的情況下幫助我們更好地樹立人設。我們的演講內容是富於變化的，可能每句表達都不相同。當你敢於做手勢的時候，你會發現手勢會跟著你的講話內容產生變化。

剛開始的時候我們可以針對手勢做一些強化練習，但是慢慢地，我們的目標還是要回到自然無意識地做手勢的狀態。當你的手勢是訓練過的，但是又和自己的演講內容對接不上的時候，就會出現「表演的矛盾」。你的內容和你的身體反應不一致，這會嚴重阻礙演講者投入地跟觀眾交流。所以，你只要適當地進行手勢練習並在舞臺上大膽地做手勢就可以了。

當進行演講手勢訓練的時候，我們可以把手機支在面前錄一段演講影片。在這個過程中，練習我們前面所講的內容。當回看影片的時候，我們要檢查自己是否在 3 句話內做出了手勢，以及是否存在動作不自然的問題。發現自己的問題，然後進行有針對性的反覆練習，直到自己滿意為止。

◉ 形體管理

關於形體，首先我們要先理清一個誤區。很多人會模仿優秀的演講者在舞臺上「來回踱步」，大家都以為像賈伯斯和羅永浩那樣在臺上隨意地踱步會顯得人很輕鬆、有派頭。但當現場實戰的時候，大部分人對於「來回踱步」是駕馭不好的，反而會弄巧成拙。因為，演講者需要具備較高的表演天賦，才能通過這種演講方式達到很好的效果。所以，對大部分的演講初學者來說，我更建議你站穩了再講。

站穩了，並且記得不要晃動。毫不誇張地說，我指導過的學員中，40%的人都有在舞臺上晃動而不自知的習慣。如果你想要走動，那麼你可以選擇暫停講話，走動到目標點，站定後再繼續。而不要出現邊走動邊講話的情況，這樣給臺下觀眾帶來的觀感是極不穩定的。

其次，請記住一句話，「手動腿不動，腿動手不動」。我們前面講了怎麼通過做手勢給自己加分，很多學員也非常認真地在演講中進行實踐，邊做手勢邊走動，但這個時候就會顯得「眼花繚亂」，容易破壞你的專業度和穩定度。

做到了站穩，我們再來聊聊站姿。站姿是第一時間就被觀眾看到的，它會影響演講者留給觀眾的第一印象。演講者雙腳分開的距離儘量不要太寬。我們可以想像，如果一個人為了凸顯自信而在舞臺上將雙腳分得太開，這個形象是不是更像健美

運動員而非演講者。那雙腳分開的距離是多少合適呢？我們可以選擇與肩同寬的距離，或者女性演講者可以選擇小於肩寬的距離。女性的身體曲線本身就很柔美，你只要站直就可以呈現出賞心悅目的效果。

說完了雙腳的動作，我們再來講講上半身的肢體語言。一個關鍵字「放鬆」，放鬆就是要打開肩膀。當你打開肩膀的時候，就像做擴胸運動，你會自然地上抬小臂，使大臂和小臂形成90度，這樣你的手會很自然地放在腹部。此時此刻，我們從頭到雙臂就能夠形成一個黃金三角形，這就是舞臺形體當中的「黃金三角法則」。當你架起手站立的時候，你就是一個分享者、演講者的姿態。手肘關節彎曲，雙手架起，拉開架勢開講就可以。這也是一種身體語言信號，它告訴觀眾你已經準備好開始進行分享了。

以這種姿態站在舞臺上，你即使不說話，也很像一個有經驗的演講者。這種形體會讓觀眾感受到你的穩定、專業、放鬆、自如且自信。此時，你通常是雙手疊在一起的姿態，但如果你想在舞臺上表現出更強的氣場，你可以把雙手的5個手指相對，做一個手指向前的尖刺狀。

總的來說，站在舞臺上演講，我們的身體有三個部位要用力。第一是腳底要站穩，想像一下自己不穿鞋時雙腳站在地板上的感覺；第二，腰要用力，挺胸收腹，肩膀打開才顯得更舒展；第三是我們前面講過的，手指要用力。

做到這些，我們就能夠以優美的形體姿態在實戰演講過程中給觀眾留下良好的第一印象。大家不要小看對形體表現的調整，它會讓你在舞臺上極大地提升演講氣場。

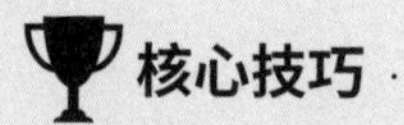

核心技巧

1. 聲音塑造。
2. 手勢配合。
3. 形體管理。

6

即興演講：手握方法毫不怯場

BUSINESS SPEECH

“抓住每一次當眾講話的機會，
讓措手不及變成從容不迫。”

在我們學習了如何設計內容、有效準備完成一次高分表達之後，我想再跟你分享三個故事，告訴你如何應對表達的高頻場景——即興演講，抓住每一次當眾講話的機會，做到毫不怯場。

總有人向我求助，那些需要即興發言的場合，我們到底應該如何從容應對。比如：職場人小王每每在開會的時候，總怕被主管喊起來說兩句；創業者郭律師作為知名律所的合夥人，寧願打字或者一對一溝通，也不願意臨時開個小會當面討論；趙爺爺因為德高望重，經常被朋友邀請去參加晚輩的婚禮，而且總被邀請上臺發言，但不知道到底該如何開口。

三位主人公面對的是三種不同的即興發言場景。怎麼用最簡單的方法，一次性解決所有人的難題？接下來我就要教給你應對臨時發言、即興演講最好用的一招——黃金圈法則，幫助你快速整理腦中的素材、資訊，做到出口成章。

黃金圈法則也是查理・蒙格（Charles Thomas Munger）推薦的100個思維模型中的一個，又叫作「why-how-what」法則，從內到外分別代表了我們思考和認識問題的三個圈層。這個法則是即興演講的一套完美思路，也是商業演講高手賈伯斯常用的演講結構。

「why」，是爲什麼，是動機和初衷。

「how」，是怎麼做，是故事和細節。

「what」，是做什麼，是行動和結果。

在講黃金圈法則的實操之前，我想和你一起研究一下，在發布會將演講才能發揮到極致的賈伯斯是如何用「why」展現動機的。

我們來看這兩句話：

（1）全新的iPod nano，採用了最新的電池技術，擁有8G超大記憶體，我們還配上了美觀的外殼。

（2）全新的 iPod nano，價格不變，容量翻番。我們還把續航時間增加到24小時，讓你可以全日無休地享受音樂。另外，由於產品採用了最新的鋁制外殼技術，現在你有5種不同的顏色可以選擇。是不是第一句話感覺很平淡，第二句話就讓你心動了？第二句是2006年賈伯斯在發布 iPod nano二代時的表述，回看他的表述，他的每句話都在展現動機。我們增加了續航時間，是為了讓消費者不停歇地享受音樂；我們採用了最新的鋁制外殼技術，是為了讓消費者有更多的顏色選擇。

當你推出一個新產品或者新觀點的時候，大多數的消費者是不容易買帳的。如果你只宣傳產品亮點、產品資訊，那麼這些很難真正被消費者聽進去、記下來。而如果你給了消費者一個「動機」，那麼他們會更容易接受。在我們日常接觸的廣告裡，這樣的動機植入非常多，比如：這款新品點讀筆，是為了能讓你的孩子隨時隨地學習英語；這次旅行，是為了圓你那個「詩和遠方」的夢想。

我們來看如何用「動機」來幫助我的三位朋友巧妙開場。

作為職場人小王，在被老闆喊起來說兩句之前，先在心裡快速思考幾秒鐘：老闆為什麼這個時候讓我站起來發言？他可能需要我的支援和幫忙，需要我根據他剛剛布置的工作計畫落實一部分工作，或者需要我對他剛剛的提問給一些回饋……根據老闆喊自己起來的原因，圍繞「動機」組織發言，小王可以說：

剛剛張總開會說了很多下一步的重點工作計畫，那我就根據這幾個計畫同步一下我們部分聯動的專案進度，以便更好地推進。

對於剛剛張總說的 ×× 觀點，我也很認同，最近我們的業務裡有一個案例，我想分享給大家，這裡面的方法在很多業務場景裡都適用，供大家參考。

再來看郭律師，如果需要臨時開個短會、同步工作，她可以這樣說：

今天開這個晨會，主要是上周業務存在一些小問題需要改善，期待我們可以在以下幾點上做得更好。

作為趙爺爺，他可以說說為什麼今天自己會被邀請來做證婚人：

我跟新娘的爸媽是幾十年的老朋友了，當年他們倆口子的婚禮我就在場。幾十年過去，我又見證了一對新人的幸福時刻，我爲他們送上我們老一輩人的祝福。

掌握黃金圈法則最內圈的「why」，圍繞「動機」進行開場的好處是：第一，對表達者來說，不需要太多的資料、方法、觀點，避免在現場手忙腳亂；第二，對觀眾來說，相比於一開始講「做什麼」、擺事實，「為什麼」更具有吸引力，內容也更容易被接受，一舉兩得、屢試不爽。講完「why」，接著我們來講如何用「how」展現故事和細節。比如，小王接下來可以說：

這個計畫我們可以分兩步走，分別從市場分析和用戶畫像著手。我建議週三我們再約一次會議。

關於那個業務案例，當時我們主要經歷了幾次大挑戰。多虧我們組的小夥伴們那段時間一起趕進度，每天晚上走得最晚的可能就是我們組了。我們從客戶調查開始就做足了準備。

郭律師可以這樣接著說：

大概的資訊同步完了，我邀請幾位部門負責人來幫我們針對上周的專案做個小覆盤吧。

聽完大家的分享，我整理出來了幾個重點，我們可以進一步去調查，看看有沒有新的機會增長點。

辛苦張祕書幫忙把今天的會議記錄同步一份到大家的郵箱，我們逐一推進。

趙爺爺也打開了話匣子：

在參加這次婚禮之前，我還做了一些準備，我翻了翻咱們之前的老照片，有了很多驚喜的發現，回憶翻湧而來。我還提前跟兩位老人家通了個氣，聊了聊兩位新人從認識到結緣的故事。

我們用展現「how」的形式發言的好處在於我們可以用細節和畫面吸引觀眾，或者立住自己的人設，避免自己一不小心陷入內容空泛或抽象的陷阱。

最後，用「what」給你的發言來一個漂亮的結尾。比如，在手機發布會的最後，一般都是一個產品的重磅亮相或者是一個激動人心的發售價格把整場發布會推向高潮。

小王在最後可以說：

針對這個專案，我接下來的工作計畫是……，我會把計畫發到各位的郵箱，方便同步進度。

那位從前不會開會的郭律師也可以這樣結尾：

針對這次會議記錄，我會請小張進一步做整理精簡，把它作爲咱們的內刊；以後對於此類案件，咱們都可以一起做經驗沉澱。

趙爺爺也可以在最後說：

我就說到這兒了，如果以後大家家裡有喜事的話，也歡迎大家聯繫我，讓我擔任你家的「幸福見證官」，讓我見證你們的幸福，讓我這一把年紀的人繼續發光發熱。

說到這裡，我們學會了通過黃金圈法則，也就是「why-how-what」的結構輕鬆應對三種最常見的即興發言場景。它不僅僅是一種演講策略，更是一種思考方式。我們不只要看到「what」，更要看到事情背後的動機、完成目標的方法，這才是高手的思維模式。

在本小節的最後，我們再來加個餐。除了黃金圈法則，面對「短平快」的職場即興發言還有一招特別好用，它就是「PREP」溝通法則。

第一，發言時先陳述你的觀點（Point），讓所有人知道你的重點是什麼，方便你通過主動或者被動的方式緊扣主題。第二，再說一說你的理由和原因（Reason），不要讓別人覺得你特別強勢。這也就是為什麼很多人情商高，因為他們在發言和溝通時給了理由和原因。第三，用通俗易懂的案例（Example）來幫助觀眾理解一個陌生的觀點，這非常重要。最後一個P還是 Point，這就是說，我們在發言的最後一定要重複一遍自己的觀點。事實證明，人們往往會記住你最後說的話，無論你前面說了什麼，說的是多是少，你一定要把你希望對方記住的重點重申一遍。

還有很多發言方法和技巧等待你發掘和實踐，在這裡我把我這幾年通過親身實踐教授給學員的最實用、最常用的黃金圈法則與「PREP」溝通法則教給你，期待你能快速上手，當每一次即興發言時，都可以自信開口、奪目亮眼。

核心技巧

1. 用「why」，展現動機和初衷，抓住注意力。
2. 用「how」，展現故事和細節，立住人設。
3. 用「what」，展現行動和結果，形成完美閉環。

BUSINESS

職場篇：贏在職場表達

「辛辛苦苦幹一年，不如上臺發個言。」這是我無數次去企業做內訓，在現場獲得觀眾共鳴最多的一句話。這句話的出現頻率之高，說明太多太多的人都遇到了「不會展現自己的成績和價值」這個痛點。

沒錯，有時即使我們幹了再多的活，有了再好的成績，在職場中不會表達，也會吃虧。實際上那些看起來「不如自己」的人，卻能拿到更好的結果，現實簡直讓人「痛徹心扉」。你如果也面對過這樣的憋屈時刻，那麼也一定能感同身受。下面我就來說說，在特定的職場場景之中，我們到底該如何展現自己的成績和價值。

述職競聘：有策略也要有方法

BUSINESS SPEECH

“別讓不會表達成為你展現價值和成績的阻力。”

說起我自己，我可是面試和比賽的狂熱愛好者，我靠表達跟別人競爭，而且總是運氣很好。在這個小節，我會把我好運氣背後的方法一一拆解給你。

在述職競聘中，我們要做好的就是兩大方面，第一是定好策略，第二是現場方法。

先來看看在述職競聘之前，我們要做哪些準備。可能很多人忙於背稿背資料，熬夜做PPT，但是其實我認為最重要的是給自己這一次的競聘定好一個「贏」的策略。給你分享一個我之前輔導的一位律師事務所合夥人的案例，從中我們來找到定好策略的思路和方法。

這位學員之所以能成為知名律師事務所的合夥人，是因為除業務能力超強之外，她的表達技能、思路非常優秀。但是，跟她一起競爭的其他候選人也是如此厲害，她要做的就是避免陷入同質化的競爭，讓自己脫穎而出。

定好策略，最重要的是分析本次述職競聘的背景。比如，這位合夥人的競聘背景是，目前律所規模大，人員較多，派系複雜。再來看看一起參與競聘的人選都有誰，比如有空降的高管，有一直占據重要資源的老主管。在這種錯綜複雜的情況之下，她的表達一定是不能具有傾向性的，總想著贏得一小部分人的認可很容易出錯，不如放下私心，去迎合公司發展大方向，這樣更有全域觀。所以，經過對公司背景、市場環境、個人優勢的分析，我們定了幾個關鍵策略：律所的新媒體轉型，女性管理者的溝通協調優勢，專案制的組織改革方案。

在定好策略後，我們下一步來看看在現場做到更好的方法。我讓她在現場抓住兩個重點：互動和講故事。果然不出我所料，其他競聘者準備了精彩的競聘演講稿，他們都完成了不錯的「獨角戲」。而她因為講故事贏得了現場主管的熱烈支持，又因為頻頻互動讓人感覺她可以協調好各方關係，有利於公司大局。

因為這些理性和感性的方法，她很幸運地拿到了想要的結果。如果你覺得這是一次偶然事件，那我再講一個故事，希望你能從中找到做好述職競聘的規律。

我是中國傳媒大學新聞播音主持系畢業的，所以我的很多校友在面對人生中一些重要的表達時刻總會想到我。那天我接到了我的一位老校友的電話，當年我們是足球場上的球友，現在他在一家網際網路公司工作，正好面臨述職競聘的關鍵時刻。那天晚上，他給我發了一個全是密密麻麻的字的PPT過來，他準備得特別詳細充分，這也是很多人在述職競聘的時候會踩的坑。我一看就發現他的問題所在了。要知道，這樣極豐富的內容是給同事看的，而不是給老闆看的。同事愛看的是詳細的方案流程、有趣豐富的經歷講述……而我們如果從老闆的角度來考慮問題，就會發現，老闆對內容的偏好完全不一樣。

如果你是老闆，今天每個候選人的述職都非常完美、詳盡，那麼你聽到最後一定會「內容疲勞」，無論是注意力還是耐心都會消散。他瞬間懂了：「對！如果我是老闆，我在這場競聘中一定喜歡抓重點、一針見血並且最懂我意圖的人！」

沒錯，我們現場述職的第一點，就是內容一定要夠「短」、夠精煉。你講了那麼多細節，不如講方法。老闆最關心的是你能否把這件事幹好，大多數情況下他不關心你會怎麼幹。所以，你只要講方法就好了，並證明你對這件事有一定把握。

再來代入一下老闆的視角，如果今天有10個人都參與了述職競聘，大家都講一樣的內容，比如：我的工作經歷、我的工作成績、我的計畫……老闆是不是聽著也挺乏味的？所以現場述職的第二點就是要夠新。

怎麼做到「新」？比如：如果別人講怎麼深挖業務，怎麼加強管理，怎麼劃分模組，你就講怎麼在傳統業務裡實現創新；如果別人在打行業內的概念，你可以借用一些跨行業的成功案例，將其他行業裡的創新思維、有效方法融入自己的行業。比如：如果你在做實體企業，那麼你就多說說電商、自媒體；如果你在做網際網路公司，那麼你可以從實體企業裡找經驗……以此類推。

第三點，當述職競聘的時候，我們不能滔滔不絕地輸出，而要學會有效溝通。比如每當你拋出一個觀點的時候，你可以跟現場的人做一個簡單的互動：你感興趣嗎？可以嗎？怎麼樣？如何？對吧？……在述職競聘中，這些互動和「聊」天可以幫你隨時確認對方的興趣點和意圖，靈活調整你的敘述，幫你抓住最寶貴的注意力資源。

跟我的校友聊完這三點，他果斷重做了原本那個事無鉅細的PPT，準備用「短、新、聊」三步法來迎接自己的「關鍵談話」。兩個月後，我收到了他的升遷消息。他在請我吃大餐的時候，好奇地問道：「你們主持人都是這般『華麗述職』的嗎？厲害了。」我神祕地告訴他：「沒錯，主持人在我眼裡都是王者級的，尤其是我。我還有一套錦囊，你能不能再加個菜？」他大喊：「服務生，再加個鍋包肉！你快講！」

話說，那是我的節目第一次得獎，並獲得了臺長和頻道總監的認可。當時，臺長在我述職結束後，更是跟人打聽我的述職有沒有範本，給大家分享分享。這是一套被臺長認可的述職思路。

很多人可能跟之前的我一樣：在一個略顯嚴肅的單位，與同事相處講究邊界感；當獲得了成績時，你既不能讓別人覺得自己愛出風頭，又要讓別人看到自己的成就，獲得將來晉升的機會。在這樣的要求下，我總結了自己的述職「套路」。

◉ 開場白：成績面前的真實內心

事實是，你無論怎麼講成績，都會讓人感覺自己愛出風頭。那你不如講獲得成績時自己真實的內心活動，這樣大家就會第一時間感受到你的真誠。真誠才是最好的敲門磚。

◉ 擺困難：面對困難時脆弱的自己

先學會示弱，擺出自己當時遇到的困難。如果我們一開始就很強大，一切事情都做得順風順水，那麼一定會讓別人覺得不真實，會讓人覺得成績來得太輕鬆。很多內斂的人會犯一個錯誤：不會說出自己之前面對的困難，就算說也是輕描淡寫地說，導致出色的成績在別人心裡顯得無足輕重。

◉ 抬同事：感謝同事的點滴幫助

感謝同事的點滴幫助是展示成績之前的關鍵步驟。要想讓別人第一時間接受你的敘述，你可以展現主管給出的關鍵意見，同事給的細節上的幫助和建議，肯定他們的能力和價值。體現這樣一個觀點：成績是個人的，功勞是大家的。

◉ 擺成績：資料分析＋強調價值

一定要學會用資料、用量化的方法去展示成績。量化的好處是，讓價值具體可感，讓別人對價值的理解更加深刻。用多維度的資料讓別人感受到你的成績背後是綜合的能力體系。更有趣的是，資料容易讓人「不明覺厲」[1]。

1　編注：「雖不明，但覺厲」，網絡流行詞，簡稱「不明覺厲」，表示「雖然不明白你在說什麼，但好像很厲害的樣子」。

◉ 推自己：要資源＋做服務

述職競聘的目的是「推銷自己」。在回顧過去成績的同時，你記得要提煉出自己的團隊角色，比如：大管家、排頭兵、後援團團長、聯絡員……並且提出自己的要求，比如希望獲得的資源和機會。大膽地做出承諾，比如：無論將來獲得怎樣的成績，我依然會做好與其他部門的溝通和服務工作。總之一句話：人人為我，我為人人。

述職競聘之前的策略準備、講述過程中的結構框架，還有具體敘述裡的關鍵話術，我都給你一一拆解了。這些都是我自己親身嘗試並且經過身邊人一再驗證的方法。我真心地希望這一套方法可以在你進行關鍵對話時發揮作用。

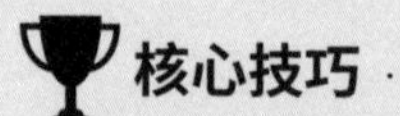

1. 定好策略：分析述職競聘的背景。
2. 現場方法：夠短，夠新，要聊。

開會發言：
先站穩內部的小舞臺

BUSINESS SPEECH

“開會時，把握職場中的每一個舞臺。”

近十年的體制內職場經歷加上我平時給企業做內訓和與高管交流的經驗使我發現：

一家企業的精神面貌和戰鬥力通過開會可見一斑。

一個員工未來在公司能爬多高、走多遠也可以看他如何開會。

開會發言是商業表達裡重要的一部分，在這裡我會教給你在實踐中最有效的「開會六步法」，每個步驟中的思路供你參考。

◉ 會前氣氛要營造

會議不是從第一句開場語開始的，其實在此之前會議就已經開始了。我有7年的主持經歷，一眾主持人開會最有趣的地方在於不管會議是否高效，總有一群有強烈表達欲的人聚在一起，因此會議室的氛圍往往特別熱烈。我記得有一次春節後的內部會議，這個時候的開年工作會其實對於主持人是有壓力的，因為很多節目的變動將會在會議上宣布，這直接關係到每位主持人一年的利益，所以大家一定會有不滿、有壓力。正好這次會議有一個屬於我的表揚頒獎環節，我就在想怎樣能讓這次會議的氛圍不至於這麼緊張。

在午餐時我就開始琢磨，恰逢春節，我突然想到了一個主意。我去超市買了氣球、窗花剪紙，在會議室牆上貼上「歡度春節」4 個大字，還去技術部門借了音箱，放起了歡快的廣場舞暖場音樂……原本容易陷入緊張氣氛的開年工作會，在氣球、剪紙和音樂的裝飾下，一下子洋溢起熱情的氛圍。

這是視覺和聽覺上的一次有效嘗試。根據我的觀察，通過語言能夠帶動氣氛、提供情緒價值的員工，更容易獲得他人的支持，在職場進階中更容易通行無阻。

你可以嘗試在會議前和同事開開玩笑，互動一下。

對會議室裡害羞的同事，你可以說：「你還是一如既往的穩重，今天要不要說兩句？」對那位絮絮叨叨的同事，你可以說：「你今天如果忍住不發言，我們肯定準時散會。」對總端著咖啡遲到的同事，你可以說：「你昨晚談了幾個大客戶？你今天都睏得像只熊貓了。」

營造氣氛的技巧無窮無盡，但你學會舉一反三就可以從容應對。

◉ 主題目標要明確

如果要問大家最討厭的會議是怎樣的，那一定是會議上漫無目的地討論。這不僅浪費時間，也沒有辦法形成任何明確的行動方案。所以，會議發言的第二個重要步驟就是，在一開始的時候，你一定要明確會議的主題和目標，也就是「要解決什麼問題」和「希望達到哪些具體的目標」。

舉個很有趣的例子：在香港警匪片裡，你會發現那些警員開會的效率都特別高。那就讓我們一起還原一下他們都是怎麼開會的，幫助你學習開會發言的技巧。

在香港警匪片裡，當警員開會時，會議組織者會直入主題，把燈一關，展示罪犯資料，同步目前的行動進度、背景，告訴大家會議目標，比如：在三天內拿下罪犯，在某時某地蹲守罪犯的交易現場、偵查重要的證據等等。並且，組織者還會明確分配每一位警員的任務，比如：A 負責調度此次行動，B 協助取證監視，C 負責資料搜集、證據追蹤……每一位參與者也可以在會議上互相瞭解彼此，方便推進下一步的行動。

在工作會議中，我們如果也想要達到這樣的效果，明確主題和目標，只要確定好三件事。

（1）**誰提出**？這件事、這個專案的背景是什麼？緣由是什麼？誰發起的？這些內容需要由會議發起人同步給所有的參會人，讓大家搞清楚狀況，這樣所有人才會進入狀態。

（2）**誰落實**？如果會議的討論僅僅停留在想法、創意橫飛的階段，那麼是沒有辦法體現出會議價值的，只有落實行動方案，責任到人，才能收穫最終期待的結果。

（3）**誰協助**？行動的落實需要主次分明，避免因為沒有分清權責，而導致效率低下。

很多時候事情沒有辦成或者主管責怪員工辦事不力，都是因為沒有把會議開好，出現了很多「本以為」的誤差。會開完了，主管「本以為」員工都明白了，但是員工沒有聽到明確的目標和安排，甚至員工因為沒聽到自己的名字，所以「以為」和自己無關，這就出現了事情沒有推進、任務沒有完成的尷尬情況。

◉ 參會人員巧介紹

如果會議裡有新人加入，或者大專案需要跨部門協作，會議主持人該怎麼介紹參會人員呢？還是剛剛我們提到的香港警員開會的例子，首先你會發現，一般會議主持人不會介紹某人的全名，因為很難讓人記住，而會介紹他的暱稱或花名，因為有親切感且容易記憶。其次，主持人也一定不會長篇大論地介紹他，而是會選一個他最擅長的方面，賦予他一種身分標籤，比如「電腦俠」、「消息王」。最後，主持人會說一說他業餘時間的一個小愛好，比如愛吃夜宵、愛喝咖啡，方便大家相互社交。比如，警員一般會這樣說：「這是我們的新晉同事阿華，他在警校裡可是神射手，遠端狙擊年年都是第一。對了，他是我們兄弟裡是最愛吃夜宵的，大家以後下班可以約他去吃夜宵啊。」

總結一下，介紹新人可以展示三張「名片」：暱稱名片、能力名片、社交名片。套用在職場裡，我們可以這樣說：「這位是新人阿花，阿花簡直是『人形打字機』，之前公司裡大大小小的報告都是出自她手。對了，她有個愛好，就是特別愛喝咖啡，我們公司附近有什麼好喝的咖啡店，問她準沒錯。」

◉ 說事不帶PPT

2022 年年底，劉強東曾在京東內部管理培訓會上痛批部分高管，稱「拿 PPT 和假話唬弄自己的人就是騙子」。他表示部分高管只關注 PPT 和一些空泛的詞語，但是沒人敢說真話，任務執行起來一塌糊塗。不只是京東，很多公司在規模擴大之後的確會出現這樣追求形式的「大公司病」，降低企業效率。

所以，你會發現，一些高效的組織在開會的時候已經捨棄了PPT，撤下了幕布，取而代之的是可以任意書寫發揮的白板。很多主管要求員工，即使面對再複雜的問題，也要有能力用一面板書闡述清楚。這也是一種開會的技巧，用板書一方面可以幫助發言者進行思路梳理，另一方面也利於參會者緊跟會議的進程，同步思考。

◉ 建議最好有方案

很多會議陷入雜亂無章的討論、立場不一的拉扯，都是因為出現了同一個問題：有建議，無方案。我要提醒大家的是，會議的時間比你想像的更加寶貴，一個人在會議上花 10 分鐘，也就意味著 10 個人在會議上花 100 分鐘。從商業效率和人力成本上來換算，無論是主管還是參會人員，都要重視這個問題，並且想辦法解決。

在提出問題之前，先想好方案的人往往都是容易升職的。不是說不要提建議、提問題，而是在你提出建議的同時，你自己必須講出一個方案。這樣做有三個好處。

（1）讓亂提建議、帶有情緒亂發言的人，增加了行動成本，進一步遏制他們隨意發言的壞習慣。

（2）讓沒有能力思考方案的人，慢慢養成思考行動、思考方案的工作習慣。

（3）讓有能力提出建設性建議和方案的人，有更多嶄露頭角的機會。

如果你要站起來發言，那麼我有一套非常好用的話術分享給你。

「我發現……」這代表你的發言是基於實際情況的有感而發，而不是一拍腦門的信口開河。

「我認為……」這代表你有明確的個人觀點，讓大家立刻知道你想說的重點是什麼。

「我提議……」在想法之後跟上你的具體方案，體現自己的價值，也讓會議的參與者有抓手，思考該如何支持你。

「我希望……」最後說出自己希望得到的資源、機會，也可以給方案定一個初步的目標。

◉ 目標聚焦再強調

如果會議開完後沒有總結，那麼會議的價值就損失了至少一半。有一個定律叫作「峰終定律」：如果在一段體驗的高峰和結尾，你的體驗是愉悅的，那麼你對整個體驗的感受就是愉悅的。用更直白的話解釋，比如我們有一位共同的老友，當我們聊天提起他的時候，我們一定會說這麼兩句：「你還記得那一次嗎？經典啊，那次他……」和「我記得上一次見他，他還是在……」你會發現，我們對人和事的記憶往往停留在兩個點：印象最深刻的一次和時間最近的一次。所以，要想提高員工的執行力，使其服務於未來，我們一定要把握好會議的最後一刻，讓大家在忙碌的工作中，帶著具體的目標離開會場。

結尾最重要的就是要把我們的目標再次強調一遍，保證所有人都能清楚地理解目標，這有利於後續的行動。給你一套話術，你可以這樣說：

首先，感謝一下……

其次，總結一下，我們今天討論了幾個要點……各自的任務和期限是……

最後，我們明確一下目標……

這樣開會的話，會議必定有價值、有結果。

會議，是職場中一對多地跟人交流的場景，如果你能用上商業演講的方法，掌握本節的6個關鍵步驟，那麼你一定可以提升職場競爭力。會議就是一個小型的舞臺，是打造人設、釋放影響力的重要場景。在職場進階中，學會做事，學會表達，站穩每一個小舞臺，終有一天你會站上屬於自己的大舞臺。

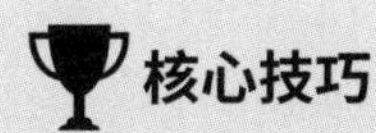

1. 會前氣氛要營造。
2. 主題目標要明確。
3. 參會人員巧介紹。
4. 說事不帶PPT。
5. 建議最好有方案。
6. 目標聚焦再強調。

3

解決衝突：
用技巧和高情商化解矛盾

BUSINESS SPEECH

“衝突在所難免，正面應對，有法可循。”

在工作中，很多時候，事情會向我們無法控制的方向發展。矛盾、衝突頻現，合夥人不歡而散，專案組成員分道揚鑣，這些都會導致商業目標受損。其實回想起來，有時候事情本身沒有問題，而是人和人的溝通表達出了問題。商業需要理性，但是它離不開跟人打交道，我們能做的是，用理性的方法去解決感性的干擾因素。

我在體制內工作過7年，對人際關係的感受很深刻。在小型初創公司裡，大家更真實，表達更直接；而在大型企業裡，由於部門人員結構複雜，摩擦與衝突在所難免。但我們能做到的是不害怕衝突，正確地應對衝突，這個能力非常重要。

我曾經是一名主持人，這個職業本身就需要我非常善於溝通和處理矛盾。比如，在訪談節目中，經常出現幾位嘉賓意見不合的情況，現場不乏激烈的辯論——「抬槓」。這個時候就需要我去進行平衡和疏導，將話題引回正確的方向。化解矛盾，在本質上我理解它為通過表達能力處理人際關係的問題。通過過往的經驗，我總結了化解矛盾、解決衝突的「四步法」，其非常具有普適性，你一定能用上。

第一步，找原因。當產生矛盾衝突的時候，通常有兩個根本點：一是利益點，二是情緒點。

首先來說說利益點。當遇到矛盾的時候，我們往往會去糾結語言的細節、辯論的是非對錯，而特別容易忽略利益點的衝突。俗話說「屁股決定腦袋，腦袋決定嘴巴」，「屁股」指的是「一個人坐的位置」。簡單來說就是，每個人的立場不同，各自站在了不同的利益角度，這才是衝突的根源。

在影視作品裡，乾隆皇帝告訴和珅：「我的壽辰就要到了，儀式一定要辦得隆重，但切記不要多花錢。」如果從紀曉嵐的角度來說，那一定要精打細算、節省銀兩。但是，和珅與他處處作對，他要建宮殿，還要大操大辦。後來，紀曉嵐明白過來了，和珅多花銀子的最終目的其實不是要把皇帝的壽辰辦得多麼賞心悅目，而是如果壽辰辦得特別隆重，乾隆皇帝就會很開心，就會更加信任和珅，這才是利益點所在。所以，這就是二人利益不一致並且總是產生衝突的原因。

再來說說情緒點。比方說我就見過兩個同事因為一件小事吵架了，到頭來你會發現不是哪句話說錯了或者哪個行為真的傷害到了對方，而是可能他買的股票跌得很慘，或者她剛剛失戀了，自身的狀態就不對勁。同一件事，由於對方狀態不一樣，結果就大不一樣。假設你打碎了同事的水杯，如果放在平時，可能一句「沒關係」這事兒也就過去了，但是如果他正好情緒不佳，那就免不了一場爭吵。

完成了第一步，找到矛盾和衝突的原因，調整溝通方向，我們離解決問題就更進一步了。

第二步，緩一緩，平復情緒，或引入第三方。

在雙方產生矛盾和衝突的當下，我們不要急著解決問題。原因很簡單，雙方可能都會因為情緒失控變得片面、不理智，此時解決問題的風險特別大，反而會出現我們不希望的結果。所以，這個時候要「緩一緩」，給出一定的時間讓雙方冷靜下來。這樣做最大的好處是讓偏激的雙方回歸理智，讓情緒穩定下來。

拿我自己來說，當別人跟我意見不合、即將發生衝突的時候，我通常習慣說：「走，我們出去買一杯咖啡。」環境的改變特別有效果，這會讓我們突然從封閉的工作場景、緊張的工作爭執中跳脫出來，轉變到買咖啡的悠閒狀態，讓緊繃的神經放鬆下來。如果我們主動買了單，也是一種「隱性的示好」，會讓矛盾儘快平息，實現衝突的「軟著陸」。而且，這樣的邀請一般不會被對方拒絕，因為如果對方嘴硬拒絕了你，反而會顯得他很沒格局。

如果衝突特別激烈，那麼我會建議在這個時候引入第三方。他可以是雙方都信任的人、情商線上的人或者不會輕易說錯話的人。一方面，第三方可以給利益受損、情緒激動的對方一定的陪伴，防止他繼續做出過激的行為；另一方面，第三方還可以在對方恢復理智的過程中，站在你的角度，維護你的利益。

第三步，先共情，擺事實細節，說出感受。

在矛盾衝突中，我們要勇敢地解決問題，但我說的勇敢絕不是魯莽，也不是強詞奪理，讓衝突升級，讓事情變得更加糟糕。表達和溝通的技巧是必要的，但是我們需要注意內容，這個時候不要糾結於是非對錯，不妨擺出客觀事實的一些細節。

比如，你不小心打碎了對方的水杯，你可以說出客觀事實：「剛才我打碎了那個杯子，把水灑在了地上，導致你沒有辦法工作，對嗎？」當對方短時間內無法接受你的觀點的時候，正確的做法是讓對方接受那些「雙方都認可的客觀事實」。這個方法的妙處在於，你會發現，對方的語言會因為你對客觀事實的細節描述，從「不對」、「不是」、「你錯了」變成「嗯嗯」、「對」、「是的」。這種趨向於「共識」的語言潛意識引導非常有利於解決溝通中的人際衝突。

除了給細節，你也可以大膽說出你當下的感受。你會發現，事情的對錯不是最重要的，最重要的是情緒的處理和人際關係的修復。比如，你可以說：「剛才你對我那麼咆哮，讓我感覺自己在同事面前很沒面子，而且心裡很慌，你知道嗎？」

大膽說出感受有兩個好處：一是讓對方感受到衝突給你帶來的傷害；二是可以鼓勵對方說出自己的感受，讓對方釋放不良情緒。通過「給細節、說感受」，我們就可以很容易達到目的：共同確認事實並釋放情緒，進一步讓矛盾和衝突得以解決。

第四步，至少提出兩個解決方案，彼此商量以示尊重。

小孩子才論對錯，成年人只會做選擇。有一個平時我們容易忽略的細節，如果你在面對矛盾和衝突時，只給一個解決方案的話，這就非常像一個命令。你本來的意思是解決問題，但是反而讓對方覺得你沒有誠意或者心裡有情緒。如果你可以給出兩個解決方案，這就變成了一種商量。而且，這會讓對方感覺到有選擇空間，感受到一種尊重。當你們在商量是 A 方案還是 B 方案的時候，你們已經不知不覺地變成了一個「共同行動體」，兩個站在對立面的個體變為了一個整體。

如果你打碎了同事的水杯，你們剛要大吵一架，你卻跟他商量：（1）你賠他一個好看的新水杯作為禮物。（2）下班你請對方吃飯，地方他選。只要他開始跟你商量，那麼衝突和矛盾很快就會煙消雲散。

很多人總希望避免衝突和矛盾，這樣就能給自己樹立一個完美的人設，並打造一個無比輕鬆的人際關係環境，但我們細想就知道這件事情是不可能的。成功的事業和輕鬆的人際關係一定是在不斷地解決衝突的過程中誕生的。所以，你只要每天保持好良好的心態，掌握解決衝突矛盾的方法和步驟，和你一起工作一定會讓人如沐春風。

核心技巧

1. 找原因：找到利益點或者情緒點。
2. 緩一緩：平復情緒，或引入第三方。
3. 先共情：擺事實細節，說出感受。
4. 提方案：至少提出兩個解決方案，彼此商量以示尊重。

BUSINESS

創業篇：會賺錢，更會表達

”

如果不是受賈伯斯演講的影響，我想雷軍不會獲得「中國賈伯斯」的稱號，羅永浩也不一定會做錘子手機。沒有羅永浩的連續成功以及他成為不同平臺紅利期的意見領袖，我也不會開始研究商業演講，從體制內出走並開始創業。你看，優秀的演講不僅影響了商業，也給了很多創業者勇氣。所以，在創業過程中，創業者不僅要學會賺錢，也要學會表達。

“

SPEECH

專案推介：有效地傳遞價值

BUSINESS SPEECH

“讓可靠人設和專案價值走進觀眾的心裡。”

在我的課程裡，很多學員最直接的演講需求是做專案推介，或者是拉投資，或者是招商加盟。從千百條不同類別的專案演講輔導經驗裡，我總結了一套適用於專案推介的分享框架，可以幫助你一開口就講出重點和亮點。

2021年，上海HRoot的錢總給我打了個電話，他說：「小寧，杭州市政府和我們合作，要舉辦一場人力資源領域的創新創業大賽。我們想請你過來為入圍決賽的10個選手做一次專案路演的賽前輔導，這會對他們幫助很大。」我同意了他的請求，於是接下了這項任務。

到了杭州以後，我才意識到任務非常艱巨。在一天的時間裡，我需要看完 10 個入圍專案的展示，並且給出我的輔導建議。平均下來，每個專案的交流時間只有 30 ～ 40 分鐘。那是一次密度極大的專案演講，其中有一位主講人給我留下了極深的印象。

他叫老包，他跟別人的風格都不太一樣。老包稍微年長一些，他穿著一件白襯衫，外面套了一個毛背心。這個打扮特別符合大家心目中「溫暖大叔」的形象。他帶來的專案是「智服眾包」——一個靈活用工的平臺，可以讓有空閒的人在上面找到一些短時兼職。一開始，我發現他講了非常多的實用的理論，比如：這個平臺十分先進，產品非常優越，使用者使用便捷，整合了上下游……聽到這些關鍵字，你可能也開始走神了。100 個專案介紹裡至少有90個都是這樣展示的，但其實非專業觀眾是很難理解這些內容的。對老包而言這樣非常不討喜，於是我們開始了內容的大調整。

講專案的第一步，曬成績。先把跟自己專案相關的資料、成績大膽地曬出來，比如：平臺活躍人數，網站的成交金額，幫助多少外來打工人員在大城市實現靈活就業……讓觀眾對你的專案產生初步的感知。

第二步，上照片，沒有什麼內容形式比圖像傳遞資訊的效率更高了。我請老包找了很多照片，包括在平臺上找到工作的李阿姨、劉阿姨、謝大哥、陳小妹，他們在酒店房間整理床鋪、在後廚幫忙、在快遞站兼職的圖片。老包在看到照片後也打開了話匣子，看圖說話一般地開始給我們娓娓道來專案的內容。

第三步，講故事，這也是我在這本書裡一直在講的關鍵內容。「智服眾包」的故事來自 PPT 上一張不起眼的照片——一位阿姨正在酒店房間裡換床單。我說：「這張照片特別有場景感，她在幹什麼呢？」

老包給我講了一個故事，他說這位阿姨姓劉，來自重慶。劉阿姨的丈夫因病走得早，她的女兒在杭州上大學。家裡的收入來源只有劉阿姨一個人。她在杭州一戶人家做保姆，每月有三四千元的收入，交了房租、除去日常開銷後，她還要給女兒存學費。日子過得緊巴巴的，她還不免經常要跟親戚朋友借錢周轉。

後來，當劉阿姨與社區裡的其他保姆聊天的時候，她知道了「智服眾包」這個平臺，於是，她就通過該平臺在附近找到了一個酒店保潔的兼職。因為她每天只需要上午半天去做保姆就可以了，所以劉阿姨把她原本空著的下午半天也給利用上了。自從劉阿姨有了兩份工作，她的收入就從三四千直接漲到了八千，經濟壓力小了很多。只要得空，劉阿姨和女兒就手挽著手去菜市場買菜回家做飯，兩個人沐浴在杭州溫柔的夕陽之中。

我聽故事聽得入神，在結束時給他補充了一句：「所以，你們的商業目的就是要幫助10萬個這樣的『劉阿姨』

過上更美好的生活，對吧？」說完故事的老包一拍大腿，驚呼：「對！小寧老師，沒想到專案還能這麼說，這麼有溫度！」通過將專案事件化、故事化，你就能輕鬆地講清楚專案的市場占有率、企業願景，更容易感染觀眾。

講專案的第四步，說「錢」景，讓觀眾切實感受到專案的價值。還是拿「智服眾包」這個案例來說，成就10萬個「劉阿姨」的結果是：客戶有實惠，外來打工人員得到保障，他們的家人也能過上更好的生活；平臺有規模，用人和求職是真需求，在企業端和求職端，註冊用戶飛漲，也讓平臺規模更大，資料量更大、更值錢；盈利多手段，「智服眾包」的平臺不光值錢，還能賺入駐費、服務費、傭金、廣告費等，擁有更大的商業想像空間，多種收入保障了平臺現金流。

經過這四步調整，「智服眾包」的路演內容已煥然一新。第二天，我因為出差不在比賽現場，賽後老包給我發了一張領獎照片：冠軍！你看，要想在一眾創業專案裡脫穎而出，除了專案過硬，有方法、有流程地講好專案才是成功的關鍵。

為什麼有人講專案就像流水帳、缺乏感染力？要怎麼解決？我在這次創新創業大賽的冠軍專案中找到了答案：制定清晰的框架，演講者可以卸掉50%的演講負擔，知道自己要講什麼、要怎麼講，其信心自然會提升；加上感染力極強的故事敘述，讓你的專案價值融匯其中，你的專案就可以走進觀眾的心裡。

當然，講專案的特殊性在於每個專案的領域、賽道、主講人都不一樣，比如「智服眾包」的主講人就適合講溫暖的故事，換一個人可能講述的故事就不太一樣了。具體情況還是要具體分析，這也是商業演講教練存在的意義。

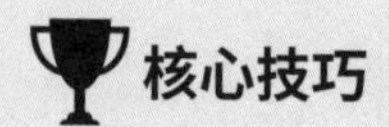

核心技巧

1. 曬成績。
2. 上照片。
3. 講故事。
4. 說「錢景」。

融資路演：打動投資人的關鍵

BUSINESS SPEECH

“投資人和創業者本質上都是尋找機會的人，都需要一個相信的過程，而路演就是這個過程。”

我就是那個在2015年幫朋友講好3個故事、融資數千萬元、被勸轉行去做演講教練的中央人民廣播電臺前主持人。最多的時候我每年會看超過100個專案，從提煉產品差異、塑造個人品牌、打造自媒體創始人IP，到現在成為一名商業諮詢顧問。

在這個小節，我將手把手教會你如何一步一步打動投資人的心。

◉ 商業計畫書封面

別那麼無趣，你要把專案講得像一個誘人的賺錢機會，問投資人要不要一起玩。

怎麼做到有趣？我們來看兩個標題。

改前：物聯網時代的汽車智控系統

改後：別人造新能源汽車，我們給車造「大腦」

到底哪個標題你更願意聽下去？投資人愛聽哪一個？你應該已經有了答案。

◉ 痛點問題

不要講你能做生意，而要講你發現了生意的故事，投資人更喜歡聽基於市場需求的專案，而不是基於你過往能力的專案。來看看這兩個開場的區別。

改前：我現在能做到的是生產高性價比的國產兒童汽車座椅。

改後：市面上30%的進口兒童汽車座椅都不適配國產車。目前來看，這個問題最好由我們來解決。

改後的表達才是市場的痛點所在。沒有被滿足的需求就是賺錢的機會，「市場要」比「我能做」重要得多。

◉ 解決方案

「不是我們太優秀，而是同行太弱了。」同行做不到的我可以做到，同行做得到的我可以做得更好。當融資路演的時候你要講出這種氣勢。

很多人迷戀超越競爭對手，擁有技術優勢。我要潑一盆冷水，有一個很「殘酷」的真相：你的產品或服務能實現行業重大創新的機率不高。投資人深諳這一點，他們可能更看重的是你能否利用自己的優勢擊中用戶需求。

◉ 時機選擇

很多創業者會有一個誤區：我一定要使勁強調我做這件事的時機很成熟才能吸引投資人。這樣反而可能會暴露你對於市場判斷的偏差。其實正確的做法是，帶著信心少說多聽，擺事實、擺現象，儘量讓投資人多說，讓投資人去判斷。如果時機真的不夠成熟，你也可以選擇開誠布公地溝通。有些投資人遵從的不是財務邏輯，而是戰略布局。投資人比你站得高、看得遠，是否投資布局，他們有自己的考量。

◉ 市場潛力

融資路演時說存量，不如講增量，最好可以用上熱門槓桿，比如直播電商、自媒體平臺等。以疫情影響下的餐飲市場為例。

有的創業者會說：「如何加強管理，降低成本。」而有的創業者會說：「打造超級單店，塑造品牌，培訓同行，通過供應鏈賺錢。」

對投資者而言，對存量市場的優化動作，顯然不如把主要精力放在尋找有爆發力的增量市場之上。歸根到底，資本追求的是高倍槓桿帶來的回報率。

◉ 競爭對手

周鴻禕曾經說：「知道誰是你的敵人，是更重要的事情。」你如果連競爭對手是誰都不清楚，那麼就等於沒想明白自己要做什麼，投資人不會看好你。比如：當年，令人沒想到的是，汽車廣播是被手機導航軟體幹掉的；幾大通信供應商各出奇招，硝煙四起，卻被微信衝擊，有多少人見面加微信，而不是留手機號了？在技術快速革新的當下，創業者的對手有時並不是同行，這就說明優秀的創業者已經具備了跨領域競爭的前瞻性。

◉ 商業模式

最怕聽到這樣的話：「羊毛出在豬身上，讓牛來買單。」過去的經驗告訴我：賺錢的道理越複雜，能駕馭的人就越少。大部分創業者缺乏用簡單的邏輯來解釋創業專案怎麼賺錢的能力。比如：免費的聊天軟體在獲得大量使用者後，不管有多少種盈利模式，其本質都是先創造流量，然後販賣流量換取收益。投資人喜歡你口中簡單、直接的賺錢方式。因為，創業者說得越簡單，往往對專案理解越深入。

◉ 團隊成員

創業者要明白，在當下，投資人無法記住所有團隊成員，作為創始人，你只需要證明你的選人思路是正確的就可以了。那麼你該如何介紹自己的團隊呢？用「以終為始」的思路去介紹。你如果想要做好一個專案，需要哪些角色？你可以回顧一下《西遊記》。在一個團隊裡，假如你是唐僧，那麼你需要一個人能打妖怪，一個人能幹髒活累活，一個人路上能講笑話搞氣氛，還有一個人當作出行工具。當你用這樣的思路去介紹自己團隊的時候，在投資人眼裡，你的表達就是有效的。

◉ 財務狀況

記住一句話：「大膽要錢，多多益善。」以終為始，說清楚怎麼花就行。

我的老鄉，鮮果壹號創始人老肖，展示了企業融資的全過程：2015年銷售額一億元，融資4000萬元；2018 年孵化社區團購鄰鄰壹，年銷售額近10億元，獲得紅杉資本、今日資本1億美元的投資；2020年銷售額再沖百億元，又獲得3億美元的融資。老肖曾說：「一年花掉一千萬元和一億元的感覺是一樣的。」他還打趣道：「對聰明的創業者而言，永遠應該『多拿錢、打大仗』。別不好意思，投資人一般比創始人要更先看到終局，有時資金要少了投資人還怕你不夠自信。」

◉ 企業願景

關於企業願景，我有兩個很好用的範本。

普通版：幫助我的一萬個標準用户達到什麼效果。

誘人版：在某一個細分賽道，我們有機會當「老大」。

我有一位做空氣淨化系統的學員，他一開始的演講總是缺了一些特色。後來我們聊了很多，我發現他的業務辦公地點一般都是在超5A寫字樓[1]。於是，我們就提煉出了一句非常有特色的願景：讓1000萬商業精英呼吸更健康。這一下子感覺就不一樣了。

有這樣一個觀點：重新定義一個賽道就是價值。這個觀點對我很有啟發。就拿我自己來說，曾經演講培訓行業裡沒有人提「商業」這個概念，後來我創業時確定的口號是，讓演講成為商業力量。如果以後我有融資的需求，我也一定會跟投資人展示「商務人士演講培訓的首選」的企業願景。

為什麼如此強調「老大」的魅力？因為大部分的行業老大和老二一定活得很好，或者最終兩者合併，而老三、老四如果不能合併，可能慢慢會發展艱難。比如：滴滴和快的完成合併，但優步早已退出中國市場；優酷和土豆發展得很好，但 PPTV、暴風影片、六間房少有人用了。

不管企業規模大小，市場和投資人都很看重「第一」。

1　編注：5A 寫字樓，是指智慧化 5A，包括：OA（辦公自動化系統）、CA（通信自動化系統）、FA（消防自動化系統）、SAC（安保自動化系統）、BA（樓宇自動控制系統）。

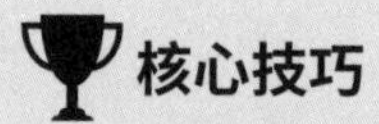

1. 商業計畫書封面：有趣誘人。
2. 痛點問題：發現生意。
3. 解決方案：錨定需求。
4. 時機選擇：少說多聽。
5. 市場潛力：高倍槓桿。
6. 競爭對手：瞭解敵人。
7. 商業模式：簡單直接。
8. 團隊成員：選人思路。
9. 財務狀況：大膽要錢。
10. 企業願景：定義賽道。

發布宣講：找到三個故事

BUSINESS SPEECH

“會講故事的人可以征服世界。”

有一個演講場合特別需要「以一傳百、百傳千、千傳萬」的傳播方式，那就是發布會。在發布會上，你如果要實現傳播效果最大化，就一定要有自己的語言工具。如果說金句是一種比較簡單的語言工具，那麼故事就是一個包裝精美的禮盒。在這個小節，我會告訴你在發布會現場，怎樣通過講三個故事輕鬆實現演講目標。

我曾經有幸幫助過一位大型企業的高管張總在發布會進行演講，他是華為雲中國區副總裁兼首席行銷官。那時，華為雲要召開2019年的合作者大會，我的一位行家朋友「火金姐」介紹了我和張總認識。我用一個下午的時間幫張總準備了內容策略、PPT，並對其表達方式進行了輔導。

那個時候我剛從雲南出差回來，上午剛到北京，下午就匆忙赴約去見這位張總。他是實戰派、少壯派高管的代表，他性格很開朗，說話的聲音也很洪亮。初聊過後，我發現他之前有過很多演講經歷，但是這次是他第一次在發布會上面對那麼多人、那麼多媒體發言。

我們敲定了本次演講的目的、重點策略。我們確定來賓都是華為雲的合作方企業，因為華為雲今年的目的就是希望更多的企業加入華為雲的「淩雲計畫」。我還幫助他設計了一個「上船起航」的號召，並且在PPT封面設計了巨大的輪船船頭，有助於提升視覺效果。接下來，就是對演講內容的練習。

張總的助理拿出了一沓厚厚的演講稿，我一看演講稿就頭大。這沓厚厚的稿子，對那些沒有經受過語言訓練的人來說，意味著馬上要進入一個演講誤區了。就在他們準備翻開稿子，開始練習內容的時候，我站起來找了一個藉口：「會議室有點兒悶，在練習演講前我帶張總先調整一下演講的形體好不好？我倆下樓先放鬆放鬆？」大家心領神會，立刻表示同意，並且都沒有跟來。

本來張總就挺緊張的，一聽到我說下樓放鬆，他立馬起身就說走，他說：「對對對，我們下樓透口氣。」還好，在張總要步入演講誤區前，我創造了一個讓他情緒更放鬆的溝通機會。

到了樓下，我先故意閒聊了一通，說了說最近的工作狀態。張總馬上打開了話匣子，說一年恨不得有300天在出差。當他去合作企業那裡深度走訪視察時，他發現了很多痛點，然後基於華為雲的技術去解決這些痛點。他還說到華為雲的業務跟很多國際企業競爭，占據那麼多的市場份額，是非常不容易的。隨著我們聊得越來越走心，我知道張總的狀態開始對了。後來，我們聊到了三個層面的故事。

我問他：「你的工作和家庭怎麼平衡的？」他有點兒愧疚地說，作為一個父親、一個丈夫，自己確實是有不稱職的地方，陪伴家人的時間變得很少。所以，他更用心地給家人準備一些禮物，回家後給他們分享這次出差的見聞、故事。他說：「我太太和孩子已經跟著我換了兩個城市了，華為雲員工的家屬都是這樣默默付出的。」聽到這裡，張總的家庭故事就有了。

接著我又問：「那有沒有什麼關於工作視察的故事，對你來說印象很深刻？」，他說：「有啊！有一次，我在客戶所在的城市準備專案方案，當時正好是年關，時間特別緊張，我每天從早忙到晚。後來又下了很大的雪，我沒買上回家的票，所以我就留在了客戶家裡吃餃子。那一年的除夕夜和餃子我永遠都忘不掉。」我心想，太好了，張總跟客戶的故事也有了。

我說：「張總，你再給我講一個你跟同事的故事吧！」他又開始跟我講起他有一次在非洲做專案的故事。那次的專案戰線比較長，大家一待就是一個月，最後半個月實在熬不下去了，實在沒有什麼東西可吃了，團隊中的三個大老爺們都瘦了。剛好這個專案最後還需要一個負責技術支援的同事，國內總部就調過去了一位女同事，他們用各種理由「唬弄」女同事少帶點兒衣服、化妝品，非洲都可以買到，還讓她多帶點兒速食麵、老乾媽、榨菜……後來，女同事落地非洲後，發現自己被「唬弄」了。大夥兒一起蓬頭垢面地堅持了大半個月，還好伙食比之前有所改善。

在講完這三個故事後，張總的狀態越來越好。雖說是帶他下樓放鬆，但是其實我的真實目的是收集他的故事素材。我們正準備上樓，我擔心那厚厚一沓稿子又讓他繞進去了，於是我最後引導了一下：「你講的這三個故事能打動我，也能打動這些合作方的企業主管。你想想，如果你是來參加大會的企業主管，你是願意聽那沓稿子中的內容，還是願意聽你剛才講的這三個故事呢？」

他的回答讓我印象深刻：「不管我今天的演講效果如何，以華為雲的號召力，前來合作的企業不會少。但是，如果我講小寧老師你輔導我的這三個故事，我會爭取到更多的合作企業。」

聽了他肯定的回答，我也放心地跟他一起上了樓。樓上一幫人都在等著我們開會，我們把三個故事的演講計畫跟他們一說，幾位副總的神色都有點兒慌張，但是聽到張總篤定的語氣，他們也同意放棄原來的那一沓厚厚的稿子。當我們一邊順稿子一邊講的時候，我感覺所有人的心都放下來了，因為張總講的效果很好。後來在「淩雲計畫」的發布會現場，張總的演講果然「震撼全場」，「火金姐」特意給我發了一張現場照片，說：「效果特別好，感謝小寧。」我非常開心有這樣一次演講輔導，對一個中國的創業者來說，幫助民族品牌華為雲就是幫助自己。

再說回發布會演講的方法，其實在這三個故事裡，都有我不同的設計目的。

和家人的故事，是為了通過故事樹立人設，打造有溫度的現場氛圍；和客戶的故事，是為了讓觀眾有代入感，尋找更多與你合作有利的證據；和團隊的故事，是為了讓觀眾建立信心，讓合作方案更落地。

我在這本書裡一直在強調講故事的重要性，在發布會現場三個故事的運用就是一個很好的實踐案例。故事本質上就是一個能被投資的藍本，當你說你的產品好、你的團隊不錯的時候，你缺少了一個載體，而故事就是非常精緻的一個禮盒，裡面裝下了你的性格、脾氣、專業度，還有你的人生故事、你的經歷、你的產品和你的美好願景，這一切都會被一個好故事包裹起來，像禮物一樣送給觀眾。

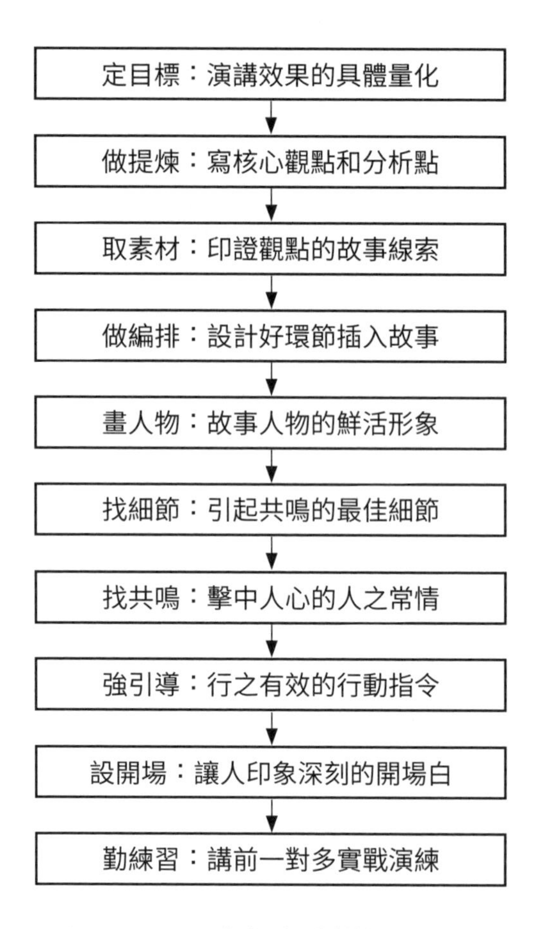

｜圖 5-1 ｜**發布會演講設計流程**

在輔導完華為雲張總的演講後，我萌生了制定一個發布會演講輔導的「行業標準」的念頭，希望公布自己的經驗，方便演講教練可以用行業標準更好地服務客戶，也希望在發布會的主講人可以更有方法地準備自己的演講。

基於我過去對30多家上市公司的高管以及全球範圍內超過500位CEO的演講輔導經驗，我總結出來了一套發布會演講方法，共細化到10個流程點（見圖5-1），希望可以幫到你。

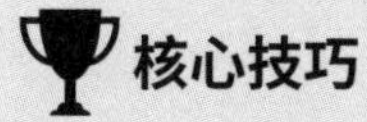

講好三個故事

1. 我和家人的故事。
2. 我和客户的故事。
3. 我和團隊的故事。

應對訪談：15 分鐘訪談範本

BUSINESS SPEECH

“抓住每一個展示自我、推銷自我的機會。”

當我還在做主持人的時候，常有企業家、創業者想要上節目，希望創造更多的採訪機會宣傳自己或者公司。而現在資訊的傳播方式日新月異，我們可以更簡單地獲得這樣的機會，通過短影片、直播、私人董事會、讀書會、沙龍等每一次和陌生人的交流，你都可以把它當作一次採訪，而每一次採訪都是為自己代言。在這一節，我想教給你的就是一套方法，學會後你可以輕鬆應對每一個採訪場合，把握每一個行銷自己的機會。

我想先跟你一起把這個任務的門檻降低一些。很多人害怕採訪，其實有兩大原因：

一個原因是，採訪比一次簡單對話的時間更長，時間越長越難掌控，即使你經歷過很多事情，到底要怎樣在長時間裡侃侃而談、層層遞進，對很多人來說都是一個難題；

另外一個原因是，採訪的最終目的是通過講述自己的經歷，讓更多的人喜歡你、認可你，怎樣通過語言和表達實現這一點，也是很多人心中的困惑。

正好，面對這兩大難題，我都有解決方案。在我7年的主持生涯裡，我問過《戰狼》的導演吳京是否單身，問過健身博主劉畊宏最胖的時候多少斤，也和《鬼吹燈》的作者天下霸唱聊過他小時候是怎樣一個膽小的人……那個時候，我總是在節目開始前的半小時，教嘉賓一會兒上臺該如何表達自己，因此我積累了一套應對採訪的祕訣，我把它叫作「鐘型採訪模型」。

這一模型的本質就是化整為零。把2個小時變成8個15分鐘，從而就容易對內容、語言進行精彩的設計。在節目直播開始前，我會跟嘉賓溝通今天的採訪內容、主題方向是什麼，並且告訴對方，一般每15分鐘是一個小模組，對應一個小話題，15分鐘結束後我就會跟觀眾朋友說一聲「接下來進入廣告時間」。所以，看上去長達2個小時的採訪，其實是由多個15分鐘的小模組組成的。

另外，在這15分鐘裡，我有一套很好用的表達範本：人設點＋觀點＋故事點＋話題點。你只要能在15分鐘裡，完成好這4點，任何採訪都不用擔心，一定可以達成你想要的目標。

◉ 打造人設：說出喜歡的與不喜歡的

第一，要學會打造人設。大部分人的誤區就是講一些自我感動的故事或者空泛的大道理，但實際上往往效果都很差。其實，要想立住你的人設非常簡單，你只要大膽地表達你喜歡什麼和不喜歡什麼就可以了。

這種表達方式的好處是，讓觀眾通過辨別你和他們之間共同的喜好和厭惡，快速地把你當作同類，從而繼續聽你說下去。

比如，當年我在採訪作為天津人的天下霸唱的時候，我問過他一個問題：「你更喜歡北京還是天津？」他回答：「我更加喜歡天津，因為在天津生活更悠閒，我可以隨時上街溜達，尋找靈感；而我一到北京，路過國貿中央商務區這些地方，就覺得自己的腳步都會被周圍的人帶快，在這樣的環境下，我是很難創作出內容的……」這個回答一下子就讓很多人找到了共鳴，你會感覺他不是來行銷自己的，而是來交朋友的。

◉ 亮明觀點：用「這樣說你就明白了」來開頭

第二，要在採訪裡亮明觀點，因為表達觀點、獲得認可、引導別人本身就是一種影響力的體現。如何亮明觀點、吸引觀眾也是有技巧的：講誰都聽過的道理，有時會顯得缺少水準和價值；如果一下子說得太深奧，又很難讓對方聽懂。基於多年的採訪經歷，我發現有一句話特別好用，你可以把它放在觀點前面作為前置語，這樣很容易就能把實用的技巧、理論給外行講明白。這句話是「這樣說你就明白了」。當你作為專業人士，要給外行解釋清楚一件事情的時候，你就可以用這句話作為開頭，它像是一個「魔法開關」，提醒了觀點表達者的物件感，進而可以把一個專業的話題解釋得更加生動、易懂。這樣你不僅在觀眾心裡獲得了加分，也坐實了專業地位。

還是舉個例子，當我採訪天下霸唱時，在節目中問了這樣的一個問題：「我知道你肯定為了寫好《鬼吹燈》這本書，看了很多資料，收集了一些地方傳說，現在很多讀者會把書中的細節當真，你覺得大家可以把書裡的細節當作知識進行分享嗎？」

天下霸唱的回答也很加分，他說：「不可以，最好別這樣。我這樣說你就明白了，歷史可以考證出真偽，文學作品是虛構的，本身無法成為被考證真偽的對象，不能拿著這本書去理解現實生活。就像我們從小看童話故事，你不能到了40歲，還依然拿童話故事去理解這個世界……」

說完這個觀點，一個有原則、有立場的作者形象又一次深入人心。

◉ 故事行銷：廣告都藏在「有一次」的故事裡

第三，講出一個有細節的故事。當你拋出了人設點和觀點的時候，你已經有了一個很好的採訪開頭，接下來你也要有一個很好的採訪過程。通過講故事，帶領觀眾身臨其境，使其對你的印象更加深刻，並且為這段採訪增加記憶點。故事為什麼有這麼大的作用？因為故事本身會「自動撒下細節」，讓觀眾自己發現和判斷，而這些細節就是讓觀眾信任你的小道具。打個比方，很多企業家、創業者在接受採訪的時候，往往急於行銷，一開口就對自己公司的實力、業績或者個人的專業度滔滔不絕，這樣的行銷往往適得其反。一般我會建議他們通過講幫助客戶解決問題、達成目標的故事，把行銷點埋在故事裡，讓觀眾在聽故事的過程中，不知不覺地走完了一段信任的旅程。

而當講故事的時候，我也有一個很好用的小妙招：在故事的開頭，用上「有一次……」的句式。很多人以為自己會講故事，其實不然。不會講故事的人，開口就是講自己的一生：「我今年為什麼特別順，因為我 3 歲的時候……」會講故事的人，開口就只講自己的一次經歷：「我今年為什麼特別順，因為過年回老家的時候我……」

這些年的演講教學讓我發現，大部分不擅長講故事的人是因為不知道講故事要縮短時間範圍，增加資訊量。

◉ 引出話題：用「那你們」來開頭

如果你可以做到前面三個步驟，那麼你已經可以把接受採訪的任務完成得非常出色了。最後，我們進階一下給採訪安上一個漂亮的收尾，也就是找到一個話題點引發互動。在我近10年的實踐當中，關於話題點也有一個好用的話術，一旦我們說出這句話，觀眾就會自發地像接力賽跑一樣把採訪的話題延續下去，這句話就是「那你們……」。很多人不會互動，而是自然而然地把表達當成一種單向輸出的模式，其實好的演講表達都是雙向的，「那你們……」這句話會幫助我們跟觀眾建立連接。

我們可以造幾個句子。

「那你們對於這個觀點，是同意還是不同意？爲什麼？」

「那你們有沒有跟我相同的經歷？在評論區告訴我。」

在採訪天下霸唱的最後，我就用了這樣的一個互動。「那你們小時候，有沒有什麼特別害怕的時刻？」這個互動的回饋特別熱烈，當時採訪一結束，我們節目的觀眾發來的各種志怪小故事洗版，讓這次採訪在微博上又維持了很長時間的話題熱度，說明節目嘉賓達到了很好的宣傳目的。

本小節講的這4個步驟構成了完整的15分鐘的採訪內容。不管採訪的主題是什麼、時長有多長，你是被採訪者還是採訪者，你都可以用這套方法組織內容、引導對話。聰明的朋友已經發現了，這其實也是很多大流量直播間常用的直播腳本格式。希望你能融會貫通，拿來就用。

核心技巧

1. 打造人設：說出喜歡的與不喜歡的。
2. 亮明觀點：用「這樣說你就明白了」來開頭。
3. 故事行銷：廣告都藏在「有一次」的故事裡。
4. 引出話題：用「那你們」來開頭。

BUSINESS

第 6 章

公眾篇：演講讓你被世界看到

”

學會推銷自己，不只是演講課題，也是人生課題。如何培養利他思維，在表達中擺脫自卑或者自嗨？如何真實地表達自己，被人喜歡？每個人的內心都渴望自己被世界看到，這種狀態其實可以通過刻意訓練獲得。

“

SPEECH

1

經驗分享：用行銷思維去表達

BUSINESS SPEECH

“用利他思維行銷自己。”

其實很多人第一次上臺是被逼著上去的。當銷售高手拿下區域銷售冠軍時，老闆總會讓他在年會上去說兩句，分享一下工作方法；當創業者做到行業頂尖的時候，總有人來向他請教，到底有什麼經驗才可以做到像他一樣好。可以這麼說，當你能夠做好一場經驗分享時，你至少可以應對80%的演講場合。先來看幾個標題，這是三個在做經驗分享時的通用範本，當你不知道從何講故事的時候，這裡面一定有適合你的那一個。

範本一：做好××事情，需要解決的N個問題。

例：《做好流量變現，提前解決這6個問題》

範本二：做好××事情，一定要避開的N個大坑。

例：《做好創始人IP，一定要避開這4個大坑》

範本三：底層邏輯＋成績。

例：《體育老師直播矩陣[1]賣Nike鞋，一年掙10個億》

以上都是我輔導過的創業者的真實演講主題。這些範本都經過了上百次的實踐檢驗。現在你就可以結合你自己的實際情況，看看哪個範本最適合用於講述你自己的故事。經驗分享其實本質上是通過利他思維，行銷自己。用行銷思維去表達，只需做好以下三步。

◉ 用個人經歷告訴觀眾為什麼要聽你講

很多人有一個誤區，他們總在剛開始分享的時候就提供技巧和理論、提供知識。其實，我覺得分享的要點是講個人經歷。創業者的目的是行銷自己，行銷過程的本質是塑造信任。通過講述個人經歷去塑造身分感、人設。人設就是完美的信任載體。同時，從個人經歷切入還解決了一個問題，那

1　編注：直播矩陣是在多個平臺進行直播帶貨。

就是人們在講自己熟悉的內容和經歷的時候，會有很強的交流感，也可以緩解自身的緊張情緒。

商業領域有很多演講高手，可以把個人經歷講得非常好的當數羅永浩，這也是他和其他創業者最大的不同。例如，他去韓國打過工、連續創業失敗、直播帶貨還清6億元巨債……這也是我經常線上下課程中講的「開場不說正事、不講知識」，先講講我的經歷，說明我是一個怎樣的人。

觀眾可以從演講者的經歷和講述裡分析出其特質，找到他們自己青睞的形象。比如，羅永浩通過個人經歷塑造的就是一個情意十足、死磕到底的理想主義者形象。這就讓觀眾可以在演講者身上快速建立情感連接，演講者後面要說的理論知識、商業價值、產品推薦會更容易深入人心。

我有一位朋友叫作老肖，他是知識付費領域的創業者。我發現他在上課的時候，知識講得特別多，而跟觀眾的互動很少。我打趣他道：「你長得這麼帥，不講點兒個人的故事就浪費了。」我給他的建議是，調整自己的分享內容，增加一些自己的創業經歷、踩過的坑、遇到的有趣的人。他一下就懂了，後來他在臺上分享的時候圈粉效果明顯。

由於這種分享的變化，他向大家講述了他的個人經歷：如何孵化 IP，如何遭遇 IP「出逃」，如何被坑，如何重新出發……當講到這裡時，之前那個稍顯疏離的創業達人已經多了一層溫度和情意，很多觀眾更願意跟老肖交朋友了，而且更容易接受他的專業內容。他發現在第二場的分享中，現場報名他私人董事會、願意跟他深度連接的朋友變得多了起來。

我有一位女學員，她是做女性私密護理產品的，我們都稱她為「40歲創業少女」。她曾經的演講方式是一上來會講很多的知識，比如自家的產品有國際獲獎團隊的背書、銷往全球多少個國家、有效成分含量達到多高標準。雖然這些事實和資料真的很厲害，但是從觀眾的角度來說，這些「與我無關」，因此很難引起他們繼續往下聽的興趣。我建議她用個人經歷來引入主題，後來她的開場反覆運算成了下面這樣。

我是一個 40 歲的創業少女，這是我的第二次創業，請各位多多指教。

演講者得有人設、得接地氣，不要急於證明你有多資深，而是給觀眾一個讓他們願意跟你聊天的理由。

我靠一張面膜賺到了我的第一桶金。我是××團隊的聯合創始人，我猜臺下坐著的美女一定有用過我的面膜的。

擺各種「高級」的東西沒用，你要講你的第一桶金是如何賺到的，通過第一桶金的故事展現你一直以來服務女性的創業理念。

我現在做的事情，也是爲女性服務……

說出過去和現在的共同之處，增加觀眾對你的信任感。其實，她個人經歷的分享共分三個階段的敘述邏輯。第一個階段是跟大家共情「創業不易」，讓大家產生共鳴，都能聽得進去；第二階段，給大家說一件你曾經做成功的有商業價值的事情；再接著第三個階段，表明新專案的繼往開來。

之後，她再開始介紹那些專業技術才更能被觀眾聽進去。通過三段式的個人經歷介紹，她的演講效果就體現了出來。在她講完了以後，現場的觀眾都不由自主地為她鼓掌。我問起現場觀眾鼓掌的原因，有的人被「創業女性」的經歷打動，有的人讚歎她一直以來對商業價值的敏銳度，有的人被她的專案優勢吸引。

當分享經驗的時候，關於個人經歷的三段式講述非常好用。在第一個階段說說自己的故事，在第二個階段講講你身上最容易被大家看到的商業價值，在第三個階段通過敘述能力遷移落到你的專案和產品上。

我們要知道改變一個人是很難的，而影響一個人是比較明智的選擇。通過講述自己的親身經歷，告訴觀眾你吃過什麼虧，你為什麼形成了現在的觀點，反而最容易說服別人，這在無形當中形成了一種高級的說服力。

◉ 用「漢堡理論」給方法配上案例

當準備演講的時候，有一個步驟是羅列演講內容的要點和結構，這一步特別講究詳略得當。如果你的觀點和理論講得太多，或者你在某一要點上停留太久，就會不利於觀眾的理解。如何做到比例得當呢？你要學會用「漢堡理論」給方法配上案例。

漢堡由肉餅、蔬菜沙拉、酸黃瓜、麵包等按比例搭配而成，你如果一直吃肉餅或者沙拉就會感覺到膩味，但當你把這些食材搭配在一起的時候，你反而覺得容易下嚥。這和演講的道理是一樣的。當你排布演講要點的時候，我建議你可以按照「總分總」的結構去講，在每一個要點上，做一個美味的三層「漢堡」。

第一層，提出一個問題解決思路。

第二層，再舉出一兩個觀眾願意相信且可以參考的案例。

第三層，教給觀眾一個現在就可以立刻執行的動作。

其中，第二層的案例可以占到60%，並且要儘量完整、細節豐富、便於理解；而第一、三層的內容要簡短有力。

我曾經瞭解過一些關於音樂發展的歷史文獻資料，我發現一首歌曲往往前奏、主歌和副歌的部分設計得當，才會讓人覺得好聽。這和我所說的「漢堡理論」原理一致，這也是合理搭配、適當表達的效果體現。

◉ 用價值總結引導觀眾行動起來

在分享經驗的最後一步，不管你前面講的是什麼樣的內容，我都建議你在結尾用「價值總結」對觀眾進行行動引導，這是行銷自己的關鍵一步。怎麼做價值總結呢？我想通過我的一位學員的故事告訴你。

王晨是一位在揚州做美業的創業者，他有韓國留學的經歷，並且早早地賺到了第一桶金，拿到了很多成績，也加入了揚州市的青年企業家協會。有一次他在大理遊學的時候，向我說：「小寧老師，遊學結束之後，我要回到揚州參加青年企業家協會的年會，並且還要上臺發言。這次會議會邀請很多政府長官和業界前輩，可以這麼說，這次上臺的機會對我而言非常重要。行外人對美業可能不是很熟悉，我該怎麼包裝我的價值，讓他們主動跟我交朋友呢？」

我心想，他在無意間問出了一個高級的演講問題——價值總結。想做好價值總結，你只要給自己找到三個維度的價值就可以了。

第一個維度：找到一個有趣的價值

價值千千萬萬，很多價值在觀眾眼裡太千篇一律了。聽了那麼多人聊商業價值、社會價值，觀眾也會聽膩。你不妨用一個有趣的價值抓住觀眾的興趣。有趣的價值是指你應該把你對客戶的觀察講出來，比如王晨和在座的其他企業家不同，他是做女性美容市場的。他因為長久地跟自己的用戶群打交道，所以熟知女性消費者的消費心理——如何通過消費實現對自己的物質獎勵。

因此，他可以提煉出的話題是：為什麼「買包」治百病？「我來教各位男性朋友，如何看懂你家夫人的消費行為，讓你們的關係更加融洽。」他拿這種有趣的價值作為收尾，整場演講的氣氛特別輕鬆且吸引力十足，一下子就抓住了大家的興趣。現場的主管和企業家前輩被逗得哈哈大笑。

第二個維度：找到一個短期的價值。

短期的價值是指幫助觀眾解決近需求，包括關係和距離層面的近。美業門店店長都是和名媛貴婦打交道的，他們有一套自己的溝通方法——在和對方交流的時候總是先誇獎細節，比如這個項鍊如何漂亮，這個包怎麼特別；然後再稱讚對方的氣質；最後肯定她的審美和家庭教育理念。這是王晨和名媛貴婦交流溝通的三板斧，百試百靈。讓每一位顧客都特別開心，之後的服務過程就變得更加順暢。

王晨把這個方法告訴了在場的企業家或者長官，解決了「在商務場合，如何跟女性高情商溝通」這一問題，現場掌聲喝彩聲不斷。你看，這一維度的價值是近需求的價值，效果立竿見影。

第三個維度：找到一個長期的價值。

在這個部分，我們可以從商業思維角度出發。王晨講了一個「她經濟」的概念：當主管制定經濟規劃、企業家制定企業戰略時，他們需要考慮到女性消費者的崛起、女性在家庭消費當中主導權的上升；在企業經營、人才梯隊搭建、產品設計方面，企業家需要考慮如何貼近女性消費的趨勢。

這一維度的價值是滿足增量需求的價值，這告訴大家，未來企業家該如何提升經濟效益。

後來王晨按照三個維度的價值進行了分享，效果出奇地好。他還專門給我打了電話，講述了一番他的收穫：有位企業家悄悄給他發資訊說解決了他和他夫人的關係問題；有位企業家跟他說，聽完了分享，他找到了自己公司的產品關於女性消費的新的開發思路。這麼多的主管和企業家前輩被王晨的價值總結吸引和啟發，都願意跟他再進一步建立連接。王晨的演講目的順利達成了。

在經驗分享裡，用多維度的價值總結，觸動不同的人群，讓他們覺得你「很有用」，引導他們跟你建立關係就順理成章了。

核心技巧

1. 用個人經歷告訴觀眾為什麼要聽你講。
2. 用「漢堡理論」給方法配上案例。
3. 用價值總結引導觀眾行動起來。

2

TED 演講的啟示：讓表達有影響力

BUSINESS SPEECH

“擁有影響力的演講，讓資訊、觀點影響世界。”

如果你是一個演講與表達的愛好者，那你一定瞭解過美國 TED 演講。2001年，安德森接管TED，創立了種子基金會，並運營 TED 大會。每年一次的大會演講都會被上傳到網絡，所有人都可以免費觀看、分享。大會演講的門票雖然高達7500美元，但每年都一票難求。首排的觀眾席經常被許多知名企業預訂一空。

安德森曾說：「我是學哲學的，總是生活在自己的想法中。我之前就隱約地覺得，有很多好的想法如果能進行全球傳播，是很好的事情。我當時有點兒錢，很想做出一些貢獻。我發現，TED 是很好的工具。」他的確做到了，遠在中國的我也對 TED 演講產生了好奇：如何讓不同身分、不同地區、不同文化背景的人們的演講變得如此有影響力？

很多人會問，我們看到的電視節目不都是好的演講嗎？那些讓人落淚的、讓人感動的演講，它們不好嗎？細心的人會發現，對於這些讓人感動的電視演講，人們會很快忘記。而對於那些真正讓我們學到新知識、聽到新觀點、改變看待世界方式的分享者，我們是久久不能忘懷的，這就是有影響力的演講的威力。

我發現真正能像 TED 一樣，讓演講產生影響力並被人認同的關鍵，不在於有伴奏音樂，也不在於能感動全場、讓人落淚，而在於三個衡量標準：突出了一個共同身分、足夠的資訊密度、有一個值得被思考和分享的深度觀點。我們如何達到這三個標準？我會對我曾經聽到的讓我印象深刻的一個故事進行內容拆解，從而讓你有更直觀的感受。

◉ 用突出的共同身分，打通與觀眾的「心門之路」

曾經我聽過一位做養老專案的學員的演講，她叫阿蘭。她在北京、成都、海南都有專案。本來養老這個話題，對臺下的中青年企業家來說，並不是一個讓人感興趣的話題。但是，她巧妙地用了一個「共同身分」來開場，從而抓住了大家的注意力。

她問了第一個問題：「如果將來你們會住養老院，你希望怎麼設計？」這個問題一出，現場的觀眾就開始爭先恐後地說了起來，氣氛非常熱鬧。她又問了第二個問題：「你們想過死亡嗎？害怕過死亡嗎？」現場又是一頓討論。有的人說我夢見過自己的死亡；有的人說我從來不敢想；有的人說我早就想好了，到時候就讓人把我的骨灰撒在故鄉的小湖裡……

在經過這兩個問題的互動後，阿蘭很巧妙地給大家植入了一個心錨——我們要及時行樂，愉悅自己，珍惜生命。而且她賦予所有人一個共同的身分——我們是一群珍惜生命、愉悅自己的人。接下來，當她開始介紹自己的養老專案的時候，這群要愉悅自己、對未來生活有品質要求的人，就更加容易聽進去了。這就是「共同身分」的妙用。

關於這一點，還有一個加分技巧：你要為一群人發聲，這樣你會獲得大家的擁護、支持；你要為一個人而戰，一個人更具體、可感，而這一個人的背後是一群人。在很多演講高手的表達裡，我們都能聽到關於共同身分的自白。

羅永浩：「我們這些不服輸、有理想、有追求、會死磕的人。」

俞敏洪：「我們這些從小家境並不優越的老實孩子。」

樊登：「我們每一個渴望成長的普通人。」

李開復：「我們這些希望讓外國人刮目相看的中國創業者。」

徐小平：「我們每一個有夢想的年輕人。」

我們都一樣，我為你而戰。

◉ 用足夠的資訊密度，讓觀眾產生「價值好感」

如何提高資訊密度呢？我們回想一下，當我們在學校裡寫論文的時候，基本上是基於一個實驗資料、一個新觀點來展開的，這就是資訊密度。這跟我們小時候寫的作文不同，論文往往是基於基礎調查，而小學作文常常是基於主觀感受。當你通過一個接一個的調查研究、資料、新發現去推進敘述邏輯時，內容的資訊密度就會提高。

經營養老社區的阿蘭在現場問我們：「大家知道中國是哪一年正式進入老齡化社會的嗎？」我們猜了很多年份，後來她揭曉了答案：「2021 年。」我們都很意外，原來我國老齡化的速度這麼快。讓我們感到意外的資訊還有很多：她給我們講述了中國養老市場的現狀，開辦養老社區的過程當中遇到了哪些問題，開一家養老院需要多少成本，每一個老人每個月的入住收費標準是多少，這個城市有多少老人表示願意住養老院，實際上有需求但沒有住養老院的老人占比是多少……

她發現，開了一家養老院，就等於重新過了一輩子，不僅重新認識了一個消費群體，也見識了各種各樣的人情冷暖。她這一段話的資訊密度非常高。她向我們分享了我們沒有聽過的社會現狀、商業邏輯。我特意觀察了現場的觀眾，大家聽得津津有味。她的分享包含了調查研究，以及一組又一組的資料，再配上她的親身感受，效果完全不一樣。

只有當新的資訊、新的假設不停衝擊我們的大腦時，我們才會被這些內容吸引，這也是演講影響力的核心來源。

◉ 用值得被分享的觀點，讓觀眾擁有「記憶錨點」

很多人在演講中會提出很多觀點，但我認為值得被分享的觀點只要一個就好。學會把你的行業觀點推廣到整個社會，那就相當於影響力破圈了。

在阿蘭分享的養老社區專案裡，她觀察到一個現象：在美國，退伍老兵、社區社工、公司職員等人群在工作的時候都神采奕奕，但當他們老了時，其子女和身邊人對他們的關注度會降低，因此他們很容易患上老年抑鬱症。藥物治療的效果甚微，最終的解決方案就是引導老人去建立社交圈，讓日常生活充實起來，從而幫助老人走出抑鬱。

阿蘭的養老社區也在踐行這一點。他們組織老人參加社區裡的多種社交活動，比如書法、編織、下棋，幫助老人建立社交圈，從而避免陷入低落和抑鬱的情緒，同時提高幸福感。由此，她總結出一個觀點：「人的一生都需要主動社交。」特別是對即將老去的我們來說，尤為重要。

她把一個行業觀點推廣到了社會層面，這會給更多的觀眾留下更深的印象，並且會在二次傳播時形成更大的影響力。很多商務人士只會講自己行業內的觀點，卻沒能「出圈」就是這個原因。以演講高手賈伯斯來說，他那些「出圈」的言論大多「和底層邏輯或者人生哲理相關，其影響力非常廣泛，這就是為什麼他在商業領域能夠影響大眾流行文化。」

回顧那些給你留下深刻印象的演講，你會發現，大多數演講高手都有意無意地踩中了以上三條標準。我建議你從現在開始，為你的演講賦予一個共同身分，提高資訊密度，再提煉出一個值得被分享的觀點，相信你也可以圈粉無數。

核心技巧

1. 用突出的共同身分，打通與觀眾的「心門之路」。
2. 用足夠的資訊密度，讓觀眾產生「價值好感」。
3. 用值得被分享的觀點，讓觀眾擁有「記憶錨點」。

3

大賽發言：做到跟別人不一樣

BUSINESS SPEECH

“想贏比賽，就要有競爭的策略，說話也是如此。”

在某些重要的比賽中，如果僅靠說話就獲得成功，那麼人生際遇往往會發生轉變。這種說話技巧著實值得我們好好研究和認真練習，因為它的投資回報率簡直高得不像話。

當年，作為一個普通的一線主持人，在2013年的廣電總局業務技能大練兵、中央人民廣播電臺首屆脫口秀比賽中斬獲亞軍，首次讓我走進了眾多臺裡長官、播音前輩的視野，作為新人嶄露頭角，成為大賽演講的受益者。

大賽演講的準備時間短、主題鮮明，需要更有感染力的情緒、更有記憶點的人設，更要有贏的策略。在這個小節，我會通過我實際輔導過的兩個參賽案例，展現一套成熟的應對方法，讓你可以在任何一個有觀眾、有評委，需要競爭拿結果的發言場合穩贏。

做好大賽發言的第一步就是要差異化。差異化有兩個層面：第一層是選題的差異化，第二層是風格的差異化。

為什麼第一步就要聊差異化？我們想想，坐在大賽評委席、觀眾席的人們，一天至少要聽10場演講，一年要聽幾十或上百場，他們已經聽膩了大同小異的表達。這個時候，如果你能做出跟別人哪怕一點點的不一樣，那麼你也一定可以增加取勝的機率。

我曾經輔導過一位學員，她叫啟晗，是一個非常享受舞臺的女孩子。那一次，她參加的是第36屆環球小姐中國區大賽，獲得了「公益大使」的稱號，現場真是百花齊放、競爭激烈。面對公益這個話題，大部分比賽佳麗的思路可能都是從城市到農村，親眼見證生活的艱難，從而促使人們從事公益，這是一套比較標準又傳統的發言思路。我跟啟晗溝通，不如策劃點兒不一樣的，講述從「曾被人幫助」，到自己被這種行為感染，進而開始樂於助人、實踐公益的心路歷程。

緊接著，我們梳理了啟晗在大學勤工儉學期間收到的來自前輩的幫助和指引，這在她的心裡悄悄地埋下了一個助人為樂的種子。當她知道自己有能力回饋他人的時候，她就將「他人助我」貫穿到「我助他人」的行動理念之中，一下子和別人普通的主題拉開了差距。我一看現場評委和觀眾關切的眼神就知道，我們的目的達到了。

所以，當你在準備大賽演講的時候，你可以花些時間想一想，在這個主題之下，大多數普通人會怎麼說？在避開傳統套路的同時，給自己設計一個不一樣的思路，從而贏得關注。

關於選題的差異化這一點，我們還可以來點兒昇華。我曾經幫助一位家居設計師子葉，在高手雲集的設計師展演中贏得勝利。當時，我們在分析了其他設計師的主題之後發現，很多人的重點還是落在業務和技術的層面，比如，我的作品到底是如何設計的，應用了怎樣的新設計專案和工業技術。在這些演講主題裡，我們不妨來點兒昇華，拔高立意的同時也能凸顯差異。

我們不僅要講設計、講業務，也要挖掘主題背後的價值觀、人生觀和對人性的洞察，這樣才能直擊觀眾的內心，給其留下印象。子葉是一名女性設計師，因此我把她的特點定位在女性的堅韌品質上，在滿足安全感的空間設計需求的基礎上，結合她曾經面臨的情感變故、團隊成員離職等困境。這讓子葉的展演主題一下子就不一樣了，還讓評委牢牢記住了眼前的這位女設計師。

從立意昇華的角度來看，我們只要稍加用心就可以做到差異化。那第二層的差異化——風格的差異化，就更加容易上手了。

在大賽現場，你可以觀察周圍選手的表達風格。如果大家都走煽情和感人的風格，那麼你不妨試一試克制和冷峻的感覺；如果大家都是既嚴肅又正經的，那麼你可以加一些幽默、輕鬆的表達。表達風格的不一樣，是評委可以最直接感受到的差異化。用好這兩種差異化，你一定可以給評委留下深刻的印象。

接下來，大賽發言的第二步，你要爭取立住一個和主題契合的人設。

回到啟晗參加環球小姐比賽的例子，你會發現在我們設計的故事中，啟晗在弱小的時候被別人幫助，在自己強大起來之後幫助別人，這些素材都是為了幫助她立住一個從弱變強的人設。通過主動示弱、敞開心扉，以及「由人達己」和「由己達人」這樣的一段經歷，告訴別人「普通人也可以做公益」，從而直接贏下比賽。

同樣地，在子葉參加的設計師展演大賽中，相比技術精湛、實力雄厚的設計工作室，獲得更多評委認可的反而是子葉這樣一個有女性獨特品質的設計師。

我見過太多的參賽者用了大量時間證明自己的優秀，最終卻輸掉了比賽。他們忘記了故事其實是為人服務的。

除了表達的技巧、風格、內容，評委更加看重的是在比賽主題之下，哪位參賽選手更符合現實的要求，更能打動觀眾。如果沒有花時間現場塑造人設，你的實力再強也可能會被觀眾忽略。這一點，值得謹記，千萬不要為了贏而踩了坑。

大賽發言的第三步，公布你的預期計畫。

要想觀眾為你投票，需要感性的認可，也需要理性的證據。

啟晗在比賽裡最後的發言內容是：如果我有幸被評選為公益大使的話，我打算具體做哪些事情、幫助哪些人；我的計劃是什麼，我的實施方法又是什麼；我期望得到什麼樣的支持……這些內容說得越具體越好。

我為什麼會這麼設計？因為，在這一次的大賽主題之下，我判斷評委和觀眾對於候選人的預期一定是她本人可以踐行公益，實實在在地做出一些行動，並繼續宣導大賽所傳達的公益理念。所以，在最後，她用具體可感的細節來滿足觀眾的預期，也在現場做出了承諾，贏得了大家的信任。

在這一小節，我們一起梳理了在大賽發言時如何取勝的方法。看上去這是在和選手比拼、獲得評委的認可，實際上我更想告訴你的是，在表達之中，要做出正確的競爭決策。正確的競爭策略是適用於所有表達場合的核心技巧，值得每一個人不斷學習。

核心技巧

1. 尋找與其他人的差異化。
2. 立住和主題契合的人設。
3. 公布你的預期計畫。

BUSINESS

第 7 章

短影片 IP 表現力

SPEECH

當今時代，短影片和直播已經成為新的流量經濟，線上的演講能力也成為創業者打造個人IP的首要利器。「那些不如我的人，沒有我專業的人，卻在流量平臺上大膽表達，獲利比我更多。」這成了很多創始人心中的隱痛，因為當下的個人IP已經成為放大影響力的超級杠杆。

很多人做短影片的時候都會遇到一些問題，比如說：有文案的時候，念稿的痕跡特別重，拍出來不自然；在鏡頭外聊得特別流暢，團隊策劃得極其完美，甚至每一個橋段和槽點都設計好了，但是當鏡頭或手機舉起來的時候，效果常常不盡如人意。

問題在於大部分人沒有像主持人一樣經過科班訓練，他對鏡頭前的表現力是陌生的，有內容、有知識、有實力，卻無法施展。如果能在短影片表現力上有所提升，在鏡頭面前放開自己，那麼客户就會回到你的手上。讓我們帶著這樣的目的開始這一章節的內容。

我是字節跳動、抖音、快手2020年網紅博主培訓的合作講師，在抖音上運營著一個有百萬粉絲的口播帳號。作為20多位百萬粉絲博主的IP商業顧問，我陪跑出多個細分賽道的變現頭部IP。我不僅會教、會做，也有很多案例。我希望把我關於短影片IP的經驗和技巧分享給你，幫助你快速上手，打開流量之門。

明確策略：找到短影片 IP 的「人貨場」

BUSINESS SPEECH

“方向要對，努力才有用。”

不管是短影片還是直播，要做好個人IP，就要想清楚適合自己的「人貨場」。我見過很多大網紅、創始人IP，我發現，有的人流量精準，變現效率高，而有的人雖然有上百萬的粉絲，但除了廣告費，很難有其他穩定的變現。大部分都是商業定位出了問題，也就是我們常常說的「定位定生死」。

◉ 用剛需好貨建立價值基礎

在「人貨場」當中，我把「貨」看得最重要，因為「專案（貨）越好，IP 越好做」。比起一門心思地漲粉「要面子」，更重要的是跑通變現「要裡子」。2021年，杭州是傳統電商、直播電商、網紅博主聚集最多的城市。行業裡流傳著一句——「新手學技術，高手選賽道」。

我的一位學員，原來是杭州的一名體育老師，大家都叫他小曹總。他無意中發現抖音上的折扣運動鞋特別好賣，於是辭職後開始直播賣鞋，一年賺了 1000 萬元。後來，他做了一個重要的決定：複製直播模式。他火速招募主播，打造了幾個類似的直播間，憑藉技術優勢和outlet的供應鏈，一下子把這個賽道吃透了，一年的營業額衝到好幾億元。

不僅是「貨」，賣課和諮詢領域的知識付費也是同樣的道理。就拿我自己來舉例，在2019年新冠肺炎疫情暴發之前，我的業務重點是線下的演講培訓——讓創業者面對臺下的觀眾輕鬆自如地演講；而在新冠肺炎疫情暴發之後，大部分北京、上海、廣州、深圳的公司正常經營都困難，線下的演講內訓需求自然就減少了。但是，短影片直播平臺的興起讓我發現線上短影片口播的需求陡增，在我看來這就是一個好賽道，因為打造適合的產品即可。而且，線下商業演講和線上短影片口播的底層邏輯是相通的，把短影片發布在抖音平臺上，就是一個抖音化的熱銷「貨」。

任何傳統行業想要結合新媒體，都不能老闆一拍腦門，帶著團隊瞎轉型，而是應該在當時流量最高的新媒體平臺，觀測優秀同行的有效動作和產品，找到自己對的方向。

◉ 用場景建立視覺信任

經常逛直播間的朋友一定非常熟悉，現在的直播間競爭越來越大，很多直播間都是精裝修、重設計，一看就非常有場景感。比如港式餐廳的牆上貼舊報紙，海鮮餐廳設計成漁貨市場的樣子，你就特別想進去吃個飯。這個底層邏輯和直播間是一模一樣的。讓使用者產生信任的手段有很多，「視覺效果」就是其中一個非常重要的因素，它直接決定了觀眾 1 秒內的決策「要不要進去、停下來看看」。做直播如此，做短影片更是如此。

說到場景，首先請一定記得最基礎的一點：在光線充足的地方拍攝。光線充足的場景可以讓你的畫面更細膩、形象更清晰。然後，記得控制景深對自己畫面的影響，也就是說，人物背後有空間，視覺上看著不壓抑，觀眾就可能多一點耐心，把你的內容看下去。

當然，如果有符合人設的場景布置，那是最好的。如果背後只有一堵大白牆，那麼你就喪失了用場景建立視覺信任的機會。比如，你如果做的是一個歷史類的帳號，那麼可以選擇古色古香的拍攝場所，放一個銅爐，點上一炷香，擺上幾座精緻的木雕，立上一個書架，都可以快速建立使用者的視覺信任；如果你做的是教育培訓類的帳號，拍攝時你的獲獎證書、專家榮譽、成就獎盃甚至教學現場，都是很好的場景元素；如果你是賣茶葉的，直接在炒茶的工作間開直播；如果你是賣家庭日用品的，甚至可以專門租一套房子當作直播場景，在每個屋裡擺滿商品，主播邊走邊賣。

◉ 讓用户快速識別你的人設

講完了「場」，我們說一下「人」。在我來看，「幹一行，要像一行」這很關鍵。如果你是一個老闆，那麼你看起來最好有點兒派頭；如果你是教師，那麼你就是斯斯文文、氣質儒雅的。這樣做的好處是，讓陌生用戶在網上看到你的時候，快速識別你的人設，降低解釋成本。如果你的團隊想要玩兒「反差」，出奇制勝，那就另當別論了。如果你不知道如何打造人設，我建議你可以付費找專業的形象造型師，也一定是物超所值的。

人設，是吸引流量的抓手，也是用低成本建立信任的工具。除了「像」，進階做法是實現人設的高價值。一開始，你的影片內容傳遞的是知識、資訊，之後你如果要實現變現、轉化，就必須彰顯你的實力和魅力，從而吸引加盟商、合作方、大客戶等。這就難壞了很多創業者。臉皮薄、不好意思行銷是大多數創業者的通病。而多年的主持人、演講教練、自媒體博主經驗，讓我很清楚如何「厚著臉皮」展示自我，這是很多朋友找我幫忙的原因。莉姐生活家的創始人莉姐是我第一個陪跑的百萬粉絲創始人 IP，她是收納整理賽道的頭部 IP。原來剛開始拍知識類內容時，後臺私信的都是學員，後來加了一條內容線，管道合作的線索增長十分明顯。我們做了什麼改變呢？

一開始，莉姐的影片內容主題是，用非常有親和力的居家形象，就像一個鄰家大姐一樣分享一些收納整理的小妙招。這樣的人設也就決定了莉姐能帶的貨只是一些價格親民的家居廚房用品，或者面向學員的收納整理課程。

我們再看增加了一條內容線後，人設有了很明顯的不同。黑色的背景，簡單乾淨。人物輪廓光使莉姐的穿著更具有質感，莉姐也放慢了語速。影片內容從行業講到人性，分享創業背後的故事，塑造行業領軍人物的價值觀。人設的商業氣質增加，直接吸引了更高付費意願的客戶和重要的合作管道。

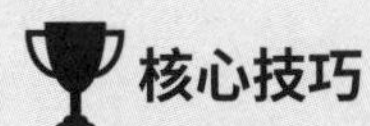

1. 用剛需好貨建立價值基礎。
2. 用場景建立視覺信任。
3. 讓用户快速識別你的人設。

氛圍感：製造一種可以圍觀的感覺

BUSINESS SPEECH

“有氛圍的地方，就容易有人氣。”

很多人可能白天有自己的工作，不可能把百分之百的時間和精力放在拍影片上。所以，創業者在剛開始做自媒體帳號的時候，我建議可以從口播做起。區別於劇情、段子等拍攝複雜、時間成本高的內容形式，口播就是「對著鏡頭說說話」，只需一部手機，其時間成本和試錯成本都是最低的。可一旦開始拍攝口播短影片，很多人會遇到一個問題，面對鏡頭要麼說不出來話來，要麼乾巴巴地念稿，毫無感染力。這時，表達的氛圍感就很重要了。

◉ 與多個人同時交流

2020年做口播短影片的時候，你會發現平臺上基本都是專家型口播：在「高級」的辦公室裡，燈光一打，西裝革履的專家往那兒一坐，再安排個人來做採訪，這樣就可以拍出有流量的作品。慢慢地，創作者都專業了起來，而觀眾的新要求又產生了：不僅要專業，還要更接地氣、更有親和力。

從專家說教式，到朋友聊天式，平臺觀眾審美的改變只用了一年。於是，很多內容創作者開始在燒烤攤、客廳、咖啡店等一些非正式場合，用很輕鬆的口吻拍影片。當你滑短影片的時候，這種輕鬆、有親和力的內容很容易讓你看下去，畢竟大多數人可能都是下班回到家後洗完澡躺著時，以一種放鬆和娛樂的狀態滑短影片。

而我在實戰中發現，當拍攝影片時，博主不要獨自一人面對鏡頭，尤其是新手博主，不然他可能會因為緊張、難為情而產生抗拒和躲避的心理。比如說我自己錄製影片的時候，面前都會有我的夥伴，我可以在現場找到一種與人對話的交流感。當博主身邊有人時，鏡頭就會變成觀眾，博主的不適感和緊張都會得到很大緩解。人一多，氣氛就熱起來了，被拍的人也就想說話了。

◉ 增加一點兒隨意感

第一個方法是「呼吸拍攝法」。

看看你平時是不是這樣拍影片的：助理把機器一架，你在鏡頭前就開始輸出了，「我是做房地產的，挑房子首先要注意三點：第一，第二，第三……」。這樣的影片非常刻板。這個時候，你可以借鑑一些娛樂博主、美妝博主輕鬆的拍攝方法。我比較喜歡一個叫作田田的博主，其拍攝手法就是閨蜜拿著手機，邊拍邊和她聊天。你細心觀察會發現，鏡頭是微微有起伏的，忽前忽後、忽左忽右。這種「第一視角」非常具有代入感，它代表的是觀眾視角，好像觀眾就在博主的身邊，非常自然。這就是有「呼吸感」的拍攝手法。

第二個方法是「三角拍攝法」。

很多人就是靠這個方法治好了自己的「鏡頭尷尬症」。「三角拍攝法」現場從幕後來看就是，和你聊天的人正對著你，鏡頭在兩人旁邊，形成一個三角關係。當影片拍攝時，博主面前有一個真實觀眾，旁邊是虛擬觀眾（鏡頭），通過不時地切換交流物件，就會產生一種自然的交流感，博主在表達時也會更自信，從而克服鏡頭恐懼。

第三個方法叫作「手持拍攝法」。

你有沒有發現，只要鏡頭在你前面，不管誰舉著手機、架著相機都容易讓你緊張。只有一種情況例外：你自己拿著手機邊走邊說。我就經常在機場、酒店，自己拿起手機邊說邊拍。在這種狀態下，你會發現你說話自然了很多。正如抖音的標語是「記錄美好生活」，我每個月上大課時，都有幾百位老闆來到線下聽課，這對我這個講師來說也是一個值得記錄的工作場景。當我將這些場景發布出去時，我也會進一步傳遞給我的粉絲一個資訊：王小寧是一個有實力、有魅力的講師。我線上下上大課時，從來不錯過任何一個值得記錄的機會。在你的工作和生活當中，如果有洽談、拜訪、參會、參觀的機會，現場人員的情緒是很難在事後完整地表達出來的。所以，在這些有價值的場景中，你一定要好好對現場進行記錄，這樣影片內容的感染力才會大大增強。

除了以上3種拍攝方法，根據不同的行業、團隊狀況、人物特徵、內容定位，還有更多的拍攝方法等待各位去實踐和解鎖。在今後的日子當中，我期待線上下的交流中也能給你提供更個性化的解決方案。

核心技巧

1. 對鏡說話，不如與人交流。
2. 換個拍法，更加自然靈動。

3

精煉語言：短影片比平時說話短

BUSINESS SPEECH

“文案，是輸出的墊腳石，也是表達的絆腳石。”

對於預先寫出來的文案，你是不是改了很多次還是不滿意？陷入寫稿、改稿、廢稿的自我消耗之中，慢慢喪失了拍短影片的興趣。實際上，當我教學員做 IP 的時候，我都要求他們在一開始的時候先不用文案，而是先激發自己的表達欲，進入心流狀態，找到講故事、聊天的感覺，再理出自己的影片結構。如果一開始就用現成的文案的話，一定是會影響發揮的，這跟演講是一樣的。

如何張口就說？我的答案是，那可太難了，除非你是類似主持人、演員、講師這種經過刻意訓練的語言工作者。所以，要想成為一個優秀的自媒體博主，是需要經過訓練的。

而在鏡頭前進行表達時，大部分的朋友有這樣幾個問題要解決。

（1）**說話抽象、不接地氣，怎麼辦**？

答：回看自己的一條影片，看看用了多少書面語、專有名詞、非生活用語，把它們全部轉換成大白話再拍一遍，然後拿兩條影片做對比，區別是什麼一目了然。

（2）**說話時「嗯、啊、哦、然後」語氣助詞特別多，怎麼改**？

答：把這些助詞全部改爲停頓，刻意練習會有驚喜。

（3）**廢話特別多，一條影片拍了半個小時，怎麼辦**？

答：練習用5分鐘敘述一件事，剪成2分鐘以內的短影片，刻意練習會有驚喜。

其實拍短影片很像是拍戲，即興發揮很難有成熟的作品。大多數時候，每條影片我們都需要一個拍攝的腳本框架，以及一個能在腳本基礎上發揮的「演員」。面對前來尋求幫助的博主和團隊，通常由我來訓練博主如何做「演員」，我的團隊會訓練對方團隊如何製作拍攝腳本。

一口氣拍完一條影片，就像是電影裡的「一鏡到底」，難度非常大。所以，通常腳本的意義就是「分段拍攝」，這樣大家的壓力都會小很多。一條口播短影片通常有幾句話或一個段落，背詞的壓力大大降低，「演員」就可以專注於表情和動作這些層面了。

核心技巧

1. 精煉語言，抓住內容的重點。
2. 分段錄製，找到表達的節奏。

表情語氣：情緒能讓流量起飛

BUSINESS SPEECH

"有個性的人常常展示情緒，獲得粉絲。"

怎麼實現有情緒的口播表達？短影片吸引觀眾停留的最重要原因就是情緒。回想一下你看過的短影片，有些博主在開頭就大喊大叫「出事了」，或者伴隨著「噔噔噔」的背景音樂，讓人不自覺開始緊張，又或者一開始就製造一個矛盾衝突。這些都是因為博主想通過情緒來留住觀眾。

好的表達也會給影片增加情緒。很多人對短影片表現力的理解還只是停留在鏡頭前分享知識的階段，這就導致看自己的影片會覺得沒勁，陷入自我懷疑：我的表情、語氣怎麼這麼沒有感染力？說話太平淡了，怎麼辦？

◉ 表情少，就離近點拍

我在教學實戰過程當中，發現了一個規律：如果你的表現力特別強，中景或全景的景別都不會減弱你的感染力。

如果你的風格比較正式，表現力沒有那麼強，那麼我的建議是你的臉要離鏡頭近一點兒，也就是說，把臉放大才能看清表情。很多優秀的創業者，性格內斂，都會選擇近距離拍攝。哪怕這個時候你的表情是細微的，你的聲音是低弱的，你的那些表情和語氣的微小變化都會被鏡頭放大。

如果是門店探訪、外景拍攝，那麼我會建議拍上半身的走動類影片。你可以刻意讓自己的動作幅度大一點兒，做一些互動，這會讓觀眾覺得你很活潑。「要麼臉變大，要麼動作變大。」記住這個口訣，你的表現力就會提升，這是完全不需要苦練能力就可以馬上提升影片表現力的方法。

◉ 聲音放輕鬆，更有親和力

把聲音放輕鬆，可以幫助我們黏住觀眾，增強表現力。反之，人在緊張的時候，聲音尖銳反而容易失去觀眾的注意力。回憶一下，你有沒有在大會現場聽過這樣的開場：「尊敬的各位來賓、各位朋友，晚上好！」這種聲調，不會引起你的注意，但當有個人走上舞臺輕聲說話時反而會引起你的關注。

我建議那些上來就高聲行銷自己但效果很差的商業博主，多看看美妝博主的語言表達，你會發現不用大聲說話也能獲得百萬粉絲。你的聲音越放鬆、越隨意，就像跟朋友閒聊天一樣，就越容易讓粉絲靠近。

◉ 不要一直看鏡頭

過去十幾年我一直在跟鏡頭打交道，無論是在電視節目還是在自己的自媒體帳號，我都積累了非常多的鏡頭應對經驗。當你看鏡頭的時候，它像是一個黑黑的無底洞，很多人越看越慌，就更不會說話了。當燈光亮起的時候，你可以盯著鏡頭下邊緣的亮光點。因為比起空洞的鏡頭，那個亮光點是實實在在的，你一眼就可以看到，所以就會安心很多。

在學會了看鏡頭後，新的問題又會出現。新手會一直盯著鏡頭拍攝影片，無論如何也挪不開目光。你需要開始刻意練習，說話時要時不時地看別的地方。

曾經娛樂圈的一位影帝告訴過我：「如何判斷一個人是老戲骨？你就看他拍戲的時候，眼睛會不會看天、看地、看自己。」我表示不理解。他列舉了《花樣年華》裡梁朝偉演對手戲時，幾次看向別處的目光，還有低頭看皮鞋時自嘲的笑容，我一下就明白了。

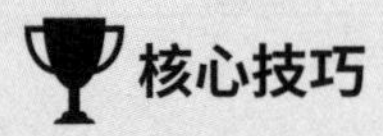

核心技巧

1. 表情少，就離近點拍。
2. 聲音放輕鬆，更有親和力。
3. 不要一直看鏡頭。

展現實力：
不要落入知識的陷阱

BUSINESS SPEECH

“過度專業吸引同行，適當專業吸引客戶。”

在自媒體盛行的今天，每一次上課，我都會問來自天南海北的創業者同一個問題：「這個行業裡，通過自媒體流量變現最好的，並不是你們這個行業裡最專業的，而是最會說的，對不對？」每次這個問題一拋出來，臺下就有一片人拍著大腿說：「對！」

很多時候拍短影片會陷入一個誤區——我是不是不夠專業？我的知識是不是不夠多？其實我們要明確一點：大部分客戶肯定不夠專業。這就是為什麼很多創作者的專業內容吸引了一堆同行，而沒有吸引客戶。所以，我們不需要追求極致的專業和過多的行業優越感，面對客戶只要把你的實力和魅力展示出來，就算達成了目標，這就是行銷的本質。而這一點，很多人一生都沒有搞明白。

怎麼通過短影片內容去展示實力和魅力呢？有三個非常具體的方法。

◉ 參觀門店

你可以視察一下，凡是跟實體門店業務有關的博主，只要拍有關門店場景的內容，其流量相對於其他內容都會更好。這是因為好影片具備多種要素。門店場景在視覺上可以展現豐富的資訊來吸引觀眾停留，包括環境、產品、服務、人員等。另外，拍門店的影片畫面是流動的，當博主在影片裡走動、與他人互動的時候，博主就會表現得更加自然。

最重要的是，公司、門店、工廠場景直接展示了博主本的商業價值。員工數量、辦公設備，這些其實是在偷偷地給觀眾展現實力。如果你天天在影棚裡拍影片，很多粉絲不一定相信你的真實身分。

我還有一位學員，他叫飛哥，是風田集成灶的創始人，也是中山順德廚電領域的領軍人物，他親自帶出來了60位老板。他就曾經邀請眾多企業家同學、博主朋友參觀他的產業園、合拍影片，讓很多粉絲記住了一個有實力的老闆人設。從他的評論區裡就可以看出其粉絲的信任度很高，大量留言都是關於諮詢創業問題、製造業二代創業者的業務交流以及合作需求。

◉ 超級案例

如果一個特別厲害的人是你的客戶，這個資訊被觀眾接收到了，那麼觀眾也會自然而然地覺得你真的有實力。

以前有個在北京跟我學習演講的學員，她的公司做的是超5A寫字樓裡的空氣淨化系統。當時她說了半天，現場的其他學員壓根兒沒聽明白她到底有多厲害。後來實在沒辦法，我就問她：「你有沒有什麼客戶案例？」這一問不得了，她說北京的最高樓「中國尊」（北京中信大廈），用的就是她公司做的空氣淨化系統。這一下子所有人都明白了，她的業務做得很厲害。

如果她要拍短影片，就可以這樣設計。在北京第一高樓的樓下，開始介紹：「聽說『中國尊』的頂層有一個全北京位置最高的下午茶餐廳，今天我要帶你去試試看！順便拜訪一下客戶，畢竟他們的空氣淨化系統是我們公司做的……」這一下子，公司雄厚的實力就展現在觀眾面前了。

關於客戶回訪的影片很快能給你帶來價值，而且在拍攝當中如果可以體現客戶的感謝、認可那就再好不過了。如果客戶是個健談的人，你就多聊聊他有多厲害。很多時候，我們自己說100遍自己的優點，不如別人說1遍。你的客戶有多厲害，別人眼裡的你就有多厲害。

◉ 客户心聲

通常，演講的高手不是為一群人發聲，就是為一個人而戰。如果你在影片裡能替一群人說出他們的心聲，引起他們的共鳴，那麼你也可以順便展現你的實力。

我曾經有一條爆款影片，主題是「來杭州創業吧」，講出了很多人因為想將流量變現而來杭州發展的心聲。我在影片中還說：「現在平均每月有一位因為我來杭州發展的創始人，比如……」影片中的很多內容其實是學員平時的原話，所以拍出來效果特別好。評論區裡很多人都產生了共鳴並互相討論，直接拉升了影片資料，而影片也獲得了平臺的持續推流。

我也曾經拍過一個選題，叫作「北上深[1]的女創業者是怎麼搞錢的」。這條影片的文案是我即興發揮的，因為我過去在國內的9個城市講過課，我非常瞭解這些一、二線城市精緻的小姐姐，她們創業的想法和心理狀態。所以，我講出

1　編注：北上深指的是北京、上海、深圳。

來的東西是真實的，在這個群體裡是有共鳴的，這條影片的回饋也就特別好。

我輔導過20多位百萬粉絲博主，幫助他們突破漲粉瓶頸。有一個屢試不爽的建議是，給你的影片加上人情味。我有一位學員，是二手車領域的頭部博主[2]，他的帳號叫「星哥杈車」。他向我抱怨帳號突破100萬粉絲大關後就漲粉很慢，有什麼方法可以改變這個局面。

看完他的帳號，我發現他過去大多數影片都是圍繞著車來拍的，時間長了拍得再好，觀眾也難免會有審美疲勞。我建議他：「換個思路，以後星哥『杈』的不是車，是人情冷暖、世間百態。」我當即給他策劃了一個「回到老家，小學同學聚會」的主題，設計了和美女同學聚會時收二手車的場景。美女同學的出現，啟動了大量的男粉絲，引爆了評論區。同時，他又連續拍攝了幫車主挽回女朋友、幫兒媳婦孝敬婆婆等有人情味的內容，又提升了帳號權重，漲粉再次進入快車道。

說了這些方法，你會發現有的時候做短影片，不是卡在基礎的技巧上，而是卡在做影片的思路上。如果你的思路陷在一個誤區裡，你會白費很多精力和努力，這也是很多人做

---

2 編注：博主按照粉絲量的多少或者活動能力的不同分為頭部博主，腰部博主，尾部博主。

影片一直沒有起色的原因。

關於商業方面的學習，我最常說一句話：「有時改變人命運的，不是知識，而是圈子。」你現在需要的是什麼？別自己想，多出來看看。

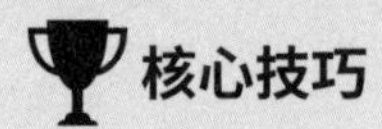

1. 參觀門店。
2. 超級案例。
3. 客户心聲。

5

故事講述：打開影響力的金鑰匙

BUSINESS SPEECH

“做短影片，如果你什麼都不會，那就從講故事開始。”

故事，是建立信任的高效工具。在聽故事的過程當中，觀眾自己會找到蛛絲馬跡，腦補出與你的關係，這簡直是世界上最好的「軟廣告」。

◉ 展示自己的逆襲

第一個講好故事的方法就是展示自己的逆襲。如果你去翻一些大博主的抖音帳號，你會發現在置頂的影片裡，都會有一條主題為「一個普通女孩／農村男孩的十年」的影片，我把這種選題稱為「十年體」。雖然這個選題很多人都拍過，但是不妨礙它很管用、很容易火。究其原因，是因為「十年體」大多都有一個強烈的對比，大部分人小的時候打扮得都比較土氣，會讓觀眾有同理心或者優越感。原來是一個普通的小鎮青年，後來逆襲成了身價不菲的老闆，所有人都喜歡看這種逆襲故事。

「十年體」是一種故事的敘述方式，你可以放上照片、配上音樂，用粗大的文字顯示關鍵資訊，比如時間、轉捩點，帶著觀眾像看電影一樣去經歷你的變化，一起從黑暗走向光明。一條好的逆襲故事影片，可以讓你的每一個新粉絲很方便地在主頁重新認識你，既有溫度又高效。如果你還沒有一個講故事的影片，不妨去試一試自己的「十年體」，梳理一下自己逆襲故事的來龍去脈，把自己介紹出去。

◉ 解決問題，套上故事

第二種講故事的影片也很簡單，你只需要做好兩步：第一步，在網上搜索在這個行業領域，大家普遍遇到和關心的問題，把這些問題作為選題；第二步，把你自己的故事作為案例，給出解決方案，這就是一條合格的短影片。

這些選題一定有許多人拍過，這些選題也一定火過了很多次，但是請你不要擔心，火過的選題一定會再火一次。比如，你一定在網上看過這些短影片，「創業第一年，我遭遇了合夥人的背叛」，「3次失敗的創業告訴我：人一定賺不到認知以外的錢」。你如果有相似的經歷，就可以講講自己創業的故事、自己踩坑的故事，把自己的故事套在這些熱門問題中，用話題和故事把自己宣傳出去。

我曾經有一位做了8年餐飲創業的學員，她叫樂樂姐。她在拍短影片的一開始，總是找不到狀態。後來，我跟她深聊了一次，讓她給我說說那些餐飲創業中大家都很關心的、經常遇到的、很想解決的問題。

「那可就太多了。」樂樂姐開始給我盤點那些創業坑。比如：在品類選擇方面，在一個地方賣包子和賣麵條可能生意差了一大截，或者有的品類一開始的時候能火一陣，但是生意越做越差；夫妻店生意做大了，但是不能規模化該怎麼辦；有好的專案要如何選址，開在馬路這頭和馬路那頭可是天差地別；當你的店開到什麼程度的時候，你才可以開第二家店。

這些問題一出，我就知道：「這回爆款影片有了！」

果然，樂樂姐回去圍繞這些話題加入自己的故事，拍了影片發了出去。果不其然，她拍的這些影片不管是在抖音上還是在影片號上都成了爆款，幫她獲得了不少精準的流量。這個招數特別好用，因為永遠有無數的熱門話題，永遠有同行業解決不完的問題，你只要用自己的故事和經歷去回答問題、給出方案就可以了。可能就會有人擔心：我的故事沒那麼多，萬一重複了怎麼辦？我的答案是，同一個好故事，每隔一段時間，講給不同的新粉絲聽。而且每次講，效果都會不一樣，網際網路是沒有記憶的。

◉ 觸景生情，讓人感同身受

第三個講故事的方法叫作「觸景生情」。有的時候，拍影片會走入困境：故事都準備好了，但是博主面對鏡頭就是講得乾巴巴的，自己不滿意，團隊也喪了氣。這個時候我建議：走出去拍，去現場拍。

我記得有一段時間，網際網路大型公司經歷了一波裁員潮。那天，我跟助手正好在一個有很多網際網路大型公司的地方喝咖啡。日落黃昏，萬家燈火，人來人往，大家行色匆匆，那個場景特別有一種讓人拍下照片、發雞湯在社群媒體的衝動。這樣的場景，是會讓人觸景生情的。

當時我就對助手說：「此情此景，要不要講一講當年我是怎麼從體制內出來的？」我的助手也反應迅速，拿起手機就開始拍。就在熙熙攘攘的人潮背景裡，天色將晚，我講述了我是如何從中央人民廣播電臺辭職出來創業的故事：「那個時候，我雖然資歷尚淺，但拿了中級職稱、主持人大賽一等獎，就在我的勢頭正往上走的時候，我決定放棄『鐵飯碗』出來創業……」故事末了，助手聽得入迷，暫停鍵都忘了按。就在那一抹晚霞裡，一條百萬流量的爆款影誕生了。

在那個場景之下，在寫字樓的樓底下，背後人來人往給我營造了很好的氛圍，勾起了我當時離開中央人民廣播電臺去創業的滿滿回憶。這時候講故事，由於觸景生情產生了飽滿的情緒，我稱這樣的口播為「心流式口播」。其實過去我作為主持人的工作，就是經常幫別人激發表達欲，找到心流，找到做IP的狀態。場景和情緒帶來的心流感受非常重要，就算你的拍攝設備足夠精良、拍攝練習的次數足夠多，也不如一條表現此時此地、此情此景的心流式口播。

在這一小節，我們把表達的故事力又升級了一層，讓你無論是在觀眾面前，還是在鏡頭面前都能找到故事的表達狀態。在我給的方法裡，我並沒有過多告訴你故事線要如何設計，故事的講述口吻是怎麼樣的，時間、地點、人物該怎麼講述，而是基於我的線下實戰經驗，告訴你當面對鏡頭時如何把故事倒出來，那可是把你的影響力放大千百倍的好東西。

核心技巧

1. 展示自己的逆襲。
2. 解決問題，套上故事。
3. 觸景生情，讓人感同身受。

6

直播語言：保持觀眾熱度的表達續航

BUSINESS SPEECH

“影響力靠短影片，變現靠直播。”

我曾經做過7年的電臺直播主持人，現在想起來，直播節目真的讓人壓力好大。壓力在於：你不能出錯，即使出錯了你也要現場想辦法彌補，就好像「開著飛機修飛機」。不像拍電視節目，有的鏡頭不行的話可以再錄一次，但是直播不能NG。

說個小插曲，曾經為了保證我的直播節目萬無一失，我幾乎把市面上的感冒藥、止瀉藥都試了個遍，以確保自己在偶爾生病的時候也能不掉鏈子、完成直播工作。那個時候，只有在電臺或電視臺工作的主持人叫作主播，而現在做農產品帶貨的、做知識付費的、做企業內訓的，只要是在直播間的人，都是主播。「主播」這個詞的內涵更加豐富、普遍化。我曾經作為主播的經驗也可以幫到在鏡頭前、在直播間裡的你。如果你能做好以下4點，你就可以成為一名超過大多數人的主播了。

◉ 找到話題，即時互動

「直播節目的靈魂在於互動。」這句話不只是說說而已。我們可以思考一下，錄製的短影片可以被反覆觀看、隨時保存；而直播更關注當下主播和觀眾產生的一種聯繫，一種「看見」與「被看見」的關係。

每年秋季的蘋果公司發布會直播，「果粉」發燒友的熱烈討論；電競賽事直播，支持的隊伍的奪冠時刻，滿屏彈幕的激動興奮；4 年一次的世界盃直播，也讓無數的球迷一再洗版……直播讓所有人都可以跨越時空的限制，親歷重要時刻，跟遠在天邊的另一個人、另一個場域產生聯繫。在直播裡，能夠形成聯繫的關鍵就在於互動。互動，跟直播的兩個重要目的息息相關。

（1）**銷售**：建立即時互動，讓觀眾有存在感，感覺到內容和產品與其個性相匹配，從而下單。

（2）**傳播**：直播間有更多的線上人數、更大的流量，對互動資料要求也就更高。不停地用話題吸引觀眾停留、點讚、評論，就會獲得平臺智能分發的更多流量。

既然互動如此重要，那我們就要在如何互動上下功夫。我曾經做主持人時，研究過有關互動的方法。其實，引發互動很簡單，就是設置一個話題，激發大眾的自發討論。

但是，話題有優有劣，這也是最考驗自媒體從業者的地方。給你看兩個話題。

「我們今天聊一聊關於創業、關於餐飲門店的事兒。」

「開小餐飲店，找親戚合夥好嗎？」

你肯定發現了，第一個話題太寬泛了，讓觀眾不知道怎麼參與，無法激發觀眾的表達欲望。這其實是主播變相地對觀眾提了一個高要求，讓觀眾自己去拆解話題，限制了觀眾表達，那麼直播的互動資料自然不夠好。而第二個話題更具體可感，也容易讓觀眾輕易地聯繫實際，做到有話說。

回到找話題本身，無非是兩步。第一步：準備、拆解話題。在直播開始之前，盡可能選出那些更具體的小話題，最好包裝得有趣一點兒。第二步：在評論區、彈幕區，拋出合適的、大家感興趣的即時話題，引發更多討論。有的時候觀眾感興趣的真的是我們意想不到的。在我的主持職業生涯中，我記得互動率最高的一期節目話題是「未經允許，家長該不該看未成年孩子的聊天記錄」。結果剛開始聊，就有觀眾「帶節奏」說密碼都讓家長知道了。我當時靈機一動，當場拋出一個互動話題：「你敢說出你家的 Wi-Fi（無線網路）密碼嗎？」結果簡訊互動在後臺洗版了。有時候，好話題不需要策劃，它存在於觀眾的好奇心中。

◉ 設置流程，話不落地

直播不像錄播，你什麼時候累了、倦了、冷場了，停下就好。直播少則兩個小時，多則大半天，它要求鏡頭前的主播隨時處於續航狀態。語言表達的延續性成為令很多非專業人士頭疼的問題。

如果是本來人氣就特別高的直播間，這樣的問題倒還好解決，不斷地在評論區找新的話題進行回應和討論就可以了。但是，如果是新手直播間，觀眾人數本就不多，評論不多，那該怎麼續航呢？以我這個有著7年直播經驗的老主播來看，你只要記住一句話：沒人就走流程，有人就聊天。

聊天倒是不難，那到底該怎麼走流程呢？用大白話來說就是，把事安排滿，別閒著，哪怕只有你一個人。舉一個例子，比如我要銷售一款洋芋片，我們一起來設計一些有趣的流程。

（1）產品介紹，你可以直接咬一下，讓大家聽一聽洋芋片酥脆的聲音。

（2）有獎競猜，邀請大家在評論區打出最受歡迎的口味。

（3）情感討論，你最想和誰吃洋芋片，把名字寫在評論區。

（4）避坑指南，哪一種洋芋片千萬別買，帶大家一起認識洋芋片的配料表。

（5）話題討論，哪裡的馬鈴薯最好吃。

（6）銷售引導，猜出今天直播間的優惠力度。

（7）買到的朋友打出「買到」，我們安排快遞升級。

…………

你可以根據自己要直播銷售的產品，以此類推，設計一套流程。在直播中，有流程在手，就不怕冷場。

◉ 不怕犯錯，將錯就錯

即使很多演員、歌手、相聲藝術家的表演已經無懈可擊，他們也總會思考哪個細節沒有發揮好，怎樣才能做得更好。其他人也是如此，總是希望下一次會更好，總在想：當時如果我那麼說，應該會更好。

直播，就是遺憾的藝術。如何享受直播？我們要有一種心態：在直播中，我們要將錯就錯，而不是害怕犯錯。

我自己曾經做直播節目時，說錯過多少次話，其實已經數不清了。這不是專業能力有問題，而是錯誤本身就是一個機率事件，我們每個人都逃不開。我清晰地記得，我進入中央人民廣播電臺後的第一次直播時的第一句話我就說錯了。那是 2010 年的南非世界盃，我作為剛上崗的新人，也許是心情太過激動，當兩位前輩介紹完我，我準備接話茬兒的時候，我說：「大家好，我是王……王小寧。」開局就是「滑鐵盧」。

在後來很多次課上我都會提起這個故事，我經常用這個故事來鼓勵學員：「開局不利，必成大器。」不是有那麼一句話嗎？悲觀者正確，樂觀者成功。如果你陷在自己的錯誤裡喪失動力，那麼你一定沒有辦法獲得結果。最好的做法是，在直播中，當你每次說錯的時候，你一定要有趣地立刻找補回來。

回到剛剛那個故事，如果讓我再來一次的話，在我的第一場直播的第一句話打招呼失敗後，那麼我的第二句話一定會說：「作為一個主持人，第一句話就打磕絆是為了留下一個深刻的印象，讓大家更好地記住我……希望與你成為朋友。」

◉ 不懼時長，循環往復

在這一個小節的最後，我想給你吃一顆定心丸。很多人害怕直播，最重要的原因是時間太長，覺得自己沒有那麼多的內容和經歷來應對長達幾個小時的表達。其實，是你把這件事想複雜了。還記得我們在「應對採訪」這一小節裡提到的鐘型採訪模型嗎？其實在直播裡也同樣適用。用我們設計好的流程，填滿15分鐘、10分鐘甚至5分鐘的模組，然後在幾個小時的直播裡不斷迴圈。機動地變化、調整你在每一個模組的具體表達。

可能有人就會問了，為什麼內容是以15分鐘或者5分鐘為一個模組，一輪又一輪地迴圈著？在資訊大爆炸的現在，人們的注意力在流失，如果你要把所有的內容分散在2~3個小時裡，那麼你的觀眾很容易就會失去耐心而離開。而當我們把內容切分成更小的單元時，15分鐘也好，5分鐘也好，它會更有利於我們在有限的時間內抓取注意力，引導觀眾、建立信任、產生互動，最後達成兩個目的——圈粉或者完成交易。還有，在直播間裡，不是所有人都可以從第一分鐘待到最後一分鐘，很多人看直播只會停留一小段時間，那我們切分時間模組、不斷迴圈就會讓每一位來到直播間的粉絲、觀眾，都可以有效地接收到一個資訊閉環。

在2022年，我陸陸續續陪跑了幾位創始人IP，其中不乏一些細分賽道的頭部，比如擁有200萬粉絲的「莉姐生活家」創始人莉姐。從北京到杭州，我們一度拿下抖音家居帶貨榜的第一名。我想告訴你一個真相：影響力靠短影片，變現靠直播。

就拿莉姐來說，在她擁有100萬的粉絲後，她的影響力不斷增強；但是當她自己在北京開展直播的時候，她發現變現效率很低。後來，她聽從我的建議，來到電商之都杭州發展，匹配到了優質的團隊資源，搭建了優秀的直播帶貨團隊。經過一段時間的努力，她的粉絲又增長了100萬，直播單場GMV（商品成交總額）可以達到50萬元以上，現在正在企劃後續更大的計畫，期待用自己的力量帶領收納整理行業向標準化方向演進。

從演講表達，到商業IP，再到流量變現，在「打造商業影響力」這條路上，我希望近些年自己線上下演講輔導、鏡頭表現力教學、百萬級IP孵化的定位策劃和操盤流量變現專案中積累的經驗能幫你實現更大的目標。

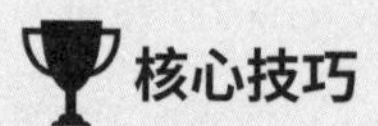

1. 找到話題，即時互動。
2. 設置流程，話不落地。
3. 不怕犯錯，將錯就錯。
4. 不懼時長，循環往復。

後記

BUSINESS SPEECH

在這本書寫完的最後一刻，我正好因為專案來到了廈門。我坐在鼓浪嶼對面的餐廳，遊船在海灣裡來來去去，看著自己的這本書稿，有恍如隔世之感。此刻我好像把自己人生中重要的 18 年又用文字重現了一遍。

2004年，我拖著行李箱從廣東去北京求學。2008年，我放棄了當時在江蘇衛視光鮮亮麗的工作，又一次回到北京。還記得那一年正好是北京奧運會，整個城市的人們臉上都洋溢著興奮和期待的神情，就好像當年的我一樣。後來，我過五關斬六將考進中央人民廣播電臺，開始了我 7 年的工作生涯。直到 2015 年，變化開始發生，我開始接觸創業者，被他們「推著」做融資路演諮詢，就此開啟了一個新的世界。2017年底，我選擇從中央人民廣播電臺辭職，試著出來創業，這樣才讓我有機會通過這本書與你相見。2021年，我結束了 17 年的「北漂」生活，從北京來到了杭州，從那座見證我求學、工作、創業的城市離開，踏上新的征程。

回過頭來看，好像每一步的選擇，我都選對了。如果當年我沒有去北京求學，我應該也會聽從家長的建議，去一所金融學校，畢業了進銀行，擁有一份穩定的工作；如果當年我留在地方電視臺或者中央人民廣播電臺，我可能還在慢慢等待著獲得金話筒獎的機會，漸漸在格子間裡和兩點一線間「穩定」下來；如果當年我選擇到火爆的網際網路大型公司求職，那麼現在我可能正在焦慮自己的 35 歲離職危機吧；如果我沒有勇氣離開北京，來到人生地不熟的杭州，那麼我可能會錯過一個時代的增長紅利。

還好，我很慶幸，沒有如果。我一次又一次地穿越了自己的小週期，獲得增長。有一句話是：「增長，就是持續做出正確的選擇。」為什麼面對每一次的選擇，我都能選出那個更好的答案呢？我試著這樣問自己。我想，應該是我在做選擇的時候堅持了以下這幾點。

◉ 長期主義，至少拿眼前 20% 的利益換將來

長期主義這個詞應該被很多人提起過，但我覺得的確值

得再跟你多聊聊。當每一次選擇都糾結、猶豫的時候，我就選那個更有長期價值的答案。即使那個答案當時看上去並不討喜，也沒有100% 的確定性，但是我總是感性地給自己留出 20% 的未知和可能性，最後都收穫了不錯的結果。

每次做選擇的時候，那個「過去吃苦的自己」都在給我撐腰，讓我有信心選更長久的「牌」。選擇放棄江蘇衛視回北京再找工作，是因為我在大學時在節目組把業務練得特別有底氣。選擇自己創業，是因為我在中關村咖啡店裡幫過好多創業者梳理專案、拿到融資。

◉ 破局、破圈，去風口裡交朋友

我永遠選擇跟這個時代發展得最快的圈子站在一起。無論是去北京求學、求職，2015年開始做融資路演諮詢，還是2021年來到杭州，不斷地讓自己破局、破圈，讓自己身處最新的資訊環境中，站在趨勢之上，成為實實在在的一線參與者，和當前思想先進的人站在一起。在我看來，這是最快、最確定的讓自己成長的方法。

◉ 及時清零，忘掉自己過往的成績

是不是沒有傘的孩子會不停奔跑？過去的我好像已經

習慣了剛拿到一點兒成績就會看下一步。內心缺乏安全感？危機意識很強？我想，沒有人可以躺在過去的功勞簿上睡大覺。與其留戀過去的成功，我反而更願意「階段性清零」。與其擔心被同行幹掉，不如幹掉過去的自己，使「成長飛輪」持續轉動。

「解決更有價值的問題。」就是你的成長飛輪。回看我這一路的經歷，商業演講輔導、融資路演、個人品牌打造、創始人IP打造、流量變現……我和我的團隊創造的商業價值在不斷提高，我的成長也給我帶來了更高的回報和更多的正面回饋，這是獨屬於創業者的確幸。

到了這本書的最後，我再教給你一個我常常偷偷使用並獲得小成績的祕訣：你要不斷地腦補自己的成功。我一直都是這麼做的。在結果還不確定的時候，我見到朋友一定會拉著他描繪發展藍圖，早起刷牙也對著鏡子自圓其說，晚上躺下自己腦海裡也會過一遍各種細節並在心中反覆權衡。我的這本書，就是在講「表達紅利」，所以你要學會將自己心中的想法、對卓越的渴望都向這個世界表達出來。相信我，你會得到意想不到的獎勵。

會做事，更要會說話

作　　者－王小寧
主　　編－林菁菁
企　　劃－謝儀方
封面設計－江儀玲
內頁設計－李宜芝

總 編 輯－梁芳春
董 事 長－趙政岷
出 版 者－時報文化出版企業股份有限公司
108019 台北市和平西路三段 240 號 3 樓
發行專線— (02)23066842
讀者服務專線— 0800231705．(02)23047103
讀者服務傳真— (02)23046858
郵撥— 19344724 時報文化出版公司
信箱— 10899 台北華江橋郵局第 99 信箱
時報悅讀網－ http://www.readingtimes.com.tw
法律顧問－理律法律事務所 陳長文律師、李念祖律師
印　　刷－勁達印刷股份有限公司
初版一刷－ 2024 年 9 月 20 日
定　　價－新臺幣 380 元
（缺頁或破損的書，請寄回更換）

時報文化出版公司成立於一九七五年，
並於一九九九年股票上櫃公開發行，於二〇〇八年脫離中時集團非屬旺中，
以「尊重智慧與創意的文化事業」為信念。

會做事,更要會說話/王小寧著. -- 初版. -- 臺北市 : 時報文化出版企業股份有限公司, 2024.09
面； 公分
ISBN 978-626-396-666-6(平裝)

1.CST: 演說術 2.CST: 說話藝術 3.CST: 職場成功法

494.35　　113011866

ISBN 978-626-396-666-6
Printed in Taiwan